建筑施工特种作业人员培训教材

建筑起重机械司机
（物料提升机）

建筑施工特种作业人员培训教材编委会　组织编写

中国建筑工业出版社

图书在版编目（CIP）数据

建筑起重机械司机. 物料提升机 / 建筑施工特种作业人员培训教材编委会组织编写. —北京：中国建筑工业出版社，2020.12（2021.4 重印）
建筑施工特种作业人员培训教材
ISBN 978-7-112-25643-3

Ⅰ. ①建… Ⅱ. ①建… Ⅲ. ①建筑机械－起重机械－技术培训－教材②建筑材料－提升车－技术培训－教材
Ⅳ. ①TH21

中国版本图书馆 CIP 数据核字（2020）第 237348 号

责任编辑：赵云波
责任校对：张　颖

建筑施工特种作业人员培训教材
建筑起重机械司机（物料提升机）
建筑施工特种作业人员培训教材编委会　组织编写
*
中国建筑工业出版社出版、发行（北京海淀三里河路 9 号）
各地新华书店、建筑书店经销
北京红光制版公司制版
北京圣夫亚美印刷有限公司印刷
*
开本：850 毫米×1168 毫米　1/32　印张：6¾　字数：170 千字
2021 年 1 月第一版　　2021 年 4 月第二次印刷
定价：**21.00** 元
ISBN 978-7-112-25643-3
（36677）

建筑施工特种作业人员
培训教材编委会

主　任：高　峰

副主任：王宇旻　陈海昌

委　员：金　强　朱利闽　刘钦燕　刘　辉　马　记

　　　　成　军　陈晓苏　姜　宁　姜　昱　徐卫星

　　　　曹立忠　温锦明

本书编审委员会

主　　编：曹立忠

副　主　编：薛海涛

编写人员：陈　颖

　　　　　（本系列教材公共基础知识编写成员：

　　　　　金　强、朱利闽、朱　青、刘　辉）

审　　稿：佘强夫

前　　言

　　《中华人民共和国安全生产法》规定："生产经营单位的特种作业人员必须按照国家有关规定经专门的安全作业培训，取得相应资格，方可上岗作业"。建筑施工特种作业人员是指在房屋建筑和市政工程施工活动中，从事可能对本人、他人及周围设备设施的安全造成重大危害作业的人员。作为建设行业高危工种之一，其从业直接关系建筑施工质量安全，直接关系公民生命、财产安全和公共安全。

　　为进一步紧贴建筑施工特种作业人员职业素质和适岗能力的实际需要，编写委员会组织编写了《建筑电工》《建筑架子工》《附着式升降脚手架架子工》《建筑起重信号司索工》等24个工种的系列教材。该套教材既是相关工种培训考核的指导用书，又是一线建筑施工特种作业人员的实用工具书。

　　本套教材在编写过程中，得到了江苏省相关专家和部门的大力支持，在此一并表示感谢！因编者水平有限，难免会存在疏漏和不足之处，真诚希望广大同行和读者给予批评指正。

编者

二〇一九年五月

目 录

第一部分 公共基础知识

第二部分　专业基础知识

第一部分　公共基础知识

第一章　职业道德

第一节　道德的含义和基本内容

1. 道德的含义

道德是一种社会意识形态，是人们共同生活及其行为的准则与规范。

意识形态除了道德以外，还包括政治、法律、艺术、宗教、哲学和其他社会科学等意识形态，是对事物的理解、认知，对事物的感观思想，是观念、观点、概念、思想、价值观等要素的总和。如：对生命的认识和观点；对金钱物质的看法等。

道德往往代表着社会的正面价值取向，起到判断行为正当与否的作用。道德是以善恶为标准，通过社会舆论、内心信念和传统习惯来评价人的行为，调整人与人之间以及个人与社会之间相互关系的行动规范的总和。

2. 道德与法纪的关系

遵守道德是指按照社会道德规范行事，不做损害他人的事。遵守法纪是指遵守纪律和法律，按照规定行事，不违背纪律和法律的规定条文。法纪与道德既有区别也有联系，它们是两种重要的社会调控手段。

（1）法纪属于社会制度范畴，而道德属于社会意识形态范畴。道德侧重于自我约束，是行为主体"应当"的选择，依靠人们的内心信念、传统习惯和社会舆论发挥其作用，不具有强制力；而法纪则侧重于国家或组织的强制手段，是国家或组织制定和颁布，用以调整、约束和规范人们行为的权威性规则。

（2）遵守法纪是遵守道德的最低要求。道德一般又可分为两类：第一类是社会有序化要求的道德，是维系社会稳定所必不可少的最低限度的道德，如不得暴力伤害他人、不得用欺诈手段谋取利益、不得危害公共安全等；第二类是那些有助于提高生活质量、增进人与人之间紧密关系的原则，如博爱、无私、乐于助人、不损人利己等。第一类道德有时也会上升为法纪，通过制裁、处分或奖励的方法得以推行。而第二类道德是对人性较高要求的道德，一般不宜转化为法纪，需要通过教育、宣传和引导等手段来推行。法纪是道德的演化产物，其内容是道德范畴中最基本的要求，因此遵纪守法是遵守道德的最低要求。

（3）遵守道德是遵守法纪的坚强后盾。首先，法纪应包含最低限度的道德，没有道德基础的法纪，是无法获得人们的尊重和自觉遵守的。其次，道德对法纪的实施有保障作用，"徒善不足以为政，徒法不足以自行"，执法者职业道德的提高，守法者的法律意识、道德观念的加强，都对法纪的实施起着推动的作用。再者，道德又对法纪有补充作用，有些不宜由法纪调整的或本应由法纪调整但因立法的滞后而尚"无法可依"的，道德约束往往就起到了必要的补充作用。

3. 公民道德的基本内容

公民道德主要包括社会公德、职业道德、家庭美德及个人品德四个方面。

（1）社会公德。公德是指与国家、组织、集体、民族、社会等有关的道德，社会公德是社会道德体系的社会层面，是维护社会公共生活正常进行的最基本的道德要求，是全体公民在社会交往和公共生活中应该遵循的行为准则，涵盖了人与人、人与社会、人与自然之间的关系。以文明礼貌、助人为乐、爱护公物、保护环境、遵纪守法为主要内容的社会公德，旨在鼓励人们在社会上做一个好公民。

（2）职业道德。职业道德是人们在职业生活中应当遵循的基本道德，是职业品德、职业纪律、专业能力及职业责任等的总称，它通过公约、守则等对职业生活中的某些方面加以规范。职业道德涵盖了从业人员与服务对象、职业与职工、职业与职业之间的关系；它既是对从业人员在职业活动中的行为要求，又是本行业对社会所承担的道德责任和义务。以爱岗敬业、诚实守信、办事公道、服务群众、奉献社会为主要内容的职业道德，旨在鼓励人们在工作中做一个好的建设者。

（3）家庭美德。家庭美德是调节家庭成员之间、邻里之间以及家庭与国家、社会、集体之间的行为准则，也是评价人们在恋爱、婚姻、家庭、邻里之间交往中的行为是非、善恶的标准。以尊老爱幼、男女平等、夫妻和睦、勤俭持家、邻里团结为主要内容的家庭美德，旨在鼓励人们在家庭生活里做一个好成员。

（4）个人品德。个人品德是一定社会的道德原则和规范在个人思想和行为中的体现，是一个人在其道德行为整体中所表现出来的比较稳定的、一贯的道德特点和倾向。个人品德是每个公民个人修养的体现，现代人应树立关爱、善待和宽厚的理念，对他人、对社会、对自然有关爱之心、善待之举和宽厚情怀。个人品德的内容包括很多，比如正直善良、谦虚谨慎、团结友爱、言行一致等。

社会公德、职业道德、家庭美德、个人品德这四个方面是一个有机的统一体，其外延由大到小，内涵由浅到深，共同构成一个完善的道德体系。在"四德"建设中，人的能动性及个人品德建设是至关重要的，个人品德的修养是树立道德意识、规范言行举止、建设和谐家庭、做好模范工作、维护社会和谐的基础。只有个人具备优良品德修养才能由己及人，才能由己及家庭、集体和社会。正确处理个人与社会、竞争与协作、经济效益与社会效益等关系，树立尊重人、理解人、关心人的理念，发扬社会主义人道主义精神，提倡为人民为社会多做好事、体现社会主义制度优越性、促进社会主义市场经济健康有序发展的良好道德风尚。

党的十八大对未来我国道德建设也作出了重要部署，强调依法治国和以德治国相结合，加强社会公德、职业道德、家庭美德、个人品德教育，弘扬中华传统美德，倡导时代新风，指出了道德修养的"四位一体"性。十八大报告中"推进公民道德建设工程，弘扬真善美、贬斥假恶丑，引导人们自觉履行法定义务、社会责任、家庭责任，营造劳动光荣、创造伟大的社会氛围，培育知荣辱、讲正气、作奉献、促和谐的良好风尚"，强调了社会氛围和社会风尚对公民道德品质的塑造；"深入开展道德领域突出问题专项教育和治理，加强政务诚信、商务诚信、社会诚信和司法公信建设"，突出了"诚信"这个道德建设的核心。

第二节　职业道德的基本特征和主要作用

1. 职业道德的概念

职业道德是指所有从业人员在职业活动中应该遵循的行为准则，是一定职业范围内的特殊道德要求，即整个社会对从业人员的职业观念、职业态度、职业技能、职业纪律和职业作风等方面的行为标准和要求。

职业道德是随着社会分工的发展，并出现相对固定的职业集团时产生的，人们的职业生活实践是职业道德产生的基础。特定的职业不但要求人们具备特定的知识和技能，而且要求人们具备特定的道德观念、情感和品质。各种职业集团，为了维护职业利益和信誉，适应社会的需要，从而在职业实践中，根据一般社会道德的基本要求，逐渐形成了职业道德规范。

职业道德是对从事这个职业所有人员的普遍要求，它不仅是所有从业人员在其职业活动中行为的具体表现，同时也是本职业对社会所负的道德责任与义务，是社会公德在职业生活中的具体化。每个从业人员，不论从事哪种职业，在职业活动中都要遵守职业道德，如现代中国社会中教师要遵守教书育人、为人师表的职业道德，医生要遵守救死扶伤的职业道德，企业经营者要遵守诚实守信、公平竞争、合法经营的职业道德等。

具体来讲，职业道德的含义主要包括以下八个方面：

（1）职业道德是一种职业规范，普遍受社会的认可。

（2）职业道德是长期以来自然形成的。

（3）职业道德没有确定的形式，通常体现为观念、习惯、信念等。

（4）职业道德依靠文化、内心信念和习惯，通过职工的自律来实现。

（5）职业道德大多没有实质的约束力和强制力。

（6）职业道德的主要内容是对职业人员义务的要求。

（7）职业道德标准多元化，代表了不同企业可能具有不同的价值观。

（8）职业道德承载着企业文化和凝聚力，影响深远。

2. 职业道德的基本特征

职业道德是从业人员在一定的职业活动中应遵循的、具有自身职业特征的道德要求和行为规范。职业道德具有以下几个特点：

（1）普遍性。从业者应当共同遵守基本职业道德行为规范，且在全世界的所有职业者都有着基本相同的职业道德规范。

（2）行业性。职业道德具有适用范围的有限性，每种职业都担负着一定的职业责任和职业义务，由于各种职业的职业责任和义务不同，从而形成各自特定的职业道德的具体规范。职业道德的内容与职业实践活动紧密相连，反映着特定职业活动对从业人员行为的道德要求。

（3）继承性。职业道德具有发展的历史继承性，由于职业具有不断发展和世代延续的特征，不仅其技术世代延续，其管理员工的方法、与服务对象打交道的方式也有一定历史继承性。在长期实践过程中形成的职业道德内容，会被作为经验和传统继承下来，如"有教无类""学而不厌，诲人不倦"，从古至今都是教师的职业道德。

（4）实践性。一个从业者的职业道德知识、情感、意志、信念、觉悟、良心等都必须通过职业的实践活动，在自己的行为中表现出来，并且接受行业职业道德的评价和自我评价。

（5）多样性。职业道德表达形式多种多样，不同的行业和不同的职业，有不同的职业道德标准，且表现形式灵活。职业道德的表现形式总是从本职业的交流活动实际出发，采用诸如制度、守则、公约、承诺、誓言、条例等形式，以至标语口号之类来加以体现，既易于为从业人员所接受和实行，又便于形成一种职业的道德习惯。

（6）自律性。从业者通过对职业道德的学习和实践，逐渐培养成较为稳固的职业道德品质，良好的职业道德形成以后，又会在工作中逐渐形成行为上的条件反射，自觉地选择有利于社会、有利于集体的行为，这种自觉就是通过自我内心职业道德意识、觉悟、信念、意志、良心的主观约束控制来实现的。

（7）他律性。道德行为具有受舆论影响的特征，在职业生涯中，从业人员随时都受到所从事职业领域的职业道德舆论的影响。实践证明，创造良好的职业道德社会氛围、职业环境，并通过职业道德舆论的宣传、监督，可以有效地促进人们自觉遵守职业道德，并实现互相监督，共同提升道德境界。

3. 职业道德的主要作用

在现代社会里，人人都是服务对象，人人又都为他人服务。社会对人的关心、社会的安宁和人们之间关系的和谐，是同各个岗位上的服务态度、服务质量密切相关的。在构建和谐社会的新形势下，大力加强社会主义职业道德建设，具有十分重要的作用。

（1）加强职业道德是提高职业人员责任心的重要途径

职业道德要求把个人理想同各行各业、各个单位的发展目标结合起来，同个人的岗位职责结合起来，以增强员工的职业观念、职业事业心和职业责任感。职业道德要求员工在本职工作中不怕艰苦，勤奋工作，既要团结协作，又争个人贡献，既讲经济效益，又讲社会效益。加强职业道德要求紧密联系本行业本单位的实际，有针对性地解决存在的问题。

（2）加强职业道德是促进企业和谐发展的迫切要求

职业道德的基本职能是调节职能，一方面可以调节从业人员内部的关系，即运用职业道德规范约束职业内部人员的行为，促进职业内部人员的团结与合作，加强职业、行业内部人员的凝聚力；另一方面，职业道德又可以调节从业人员与服务对象之间的关系，用来塑造本职业从业人员的社会形象。

企业是具有社会性的经济组织，在企业内部存在着各种复杂的关系，这些关系既有相互协调的一面，也有矛盾冲突的一面，如果解决不好，将会影响企业的凝聚力。这就要求企业所有的员工具有较高的职业道德觉悟，从大局出发，光明磊落、相互谅解、相互宽容、相互信赖、同舟共济，而不能意气用事、互相拆台。企业内部上下级之间、部门之间、员工之间团结协作，使企业真正成为一个具有社会主义精神风貌的和谐集体。

（3）加强职业道德是提高企业竞争力的必要措施

当前市场竞争激烈，各行各业都讲经济效益，要求企业的经营者在竞争中不断开拓创新。但行业之间为了自身的利益，会产生很多新的矛盾，形成自我力量的抵消，使一些企业的经营者在竞争中单纯追求利润、产值，不求质量，或者以次充好、以假乱真，不顾社会效益，损害国家、人民和消费者的利益，企业得到的只能是短暂的收益，失去的是消费者的信任，也就失去了生存和发展的源泉，难以在竞争的激流中屹立不倒。在企业中加强职业道德使得企业在追求自身利润的同时，又能创造好的社会效益，从而提升企业形象，赢得持久而稳定的市场份额；同时，也使企业内部员工之间相互尊重、相互信任、相互合作，从而提高企业凝聚力，企业方能在竞争中稳步发展。

（4）加强职业道德是个人健康发展的基本保障

市场经济对职业道德建设有其积极一面，也有消极的一面，它的自发性、自由性、注重经济效益的特性，导致一些人"一切向钱看"，唯利是图，不择手段地追求经济效益，从而走入歧途，断送前程。提高从业人员的道德素质，树立职业理想，增强职业责任感，形成良好的职业行为，抵抗物欲诱惑，不被利欲所熏心，才能脚踏实地在本行业中追求进步。在社会主义市场经济条件下，只有具备职业道德精神的从业人员，才能在社会中站稳脚跟，成为社会的栋梁之材，在为社会创造效益的同时，也保障了自身的健康发展。

（5）加强职业道德是提高全社会道德水平的重要手段

职业道德是整个社会道德的主要内容，它一方面涉及每个从业者如何对待职业，如何对待工作，同时也是一个从业人员的生活态度、价值观念的表现，是一个人的道德意识和道德行为发展到成熟阶段的体现，具有较强的稳定性和连续性。另一方面，职业道德也是一个职业集体甚至一个行业全体人员的行为表现，如果每个行业、每个职业集体都具备优良的道德，那么对整个社会道德水平的提高就会发挥重要作用。

第三节　建设行业职业道德建设

1. 加强职业道德建设，践行社会主义核心价值观

"国无德不兴，人无德不立。"习近平总书记指出："核心价值观，其实就是一种德，既是个人的德，也是一种大德，就是国家的德、社会的德。"因此，"必须加强全社会的思想道德建设，激发人们形成善良的道德意愿、道德情感，培育正确的道德判断和道德责任，提高道德实践能力尤其是自觉践行能力，引导人们向往和追求讲道德、尊道德、守道德的生活，形成向上的力量、向善的力量。"培育社会主义核心价值观，首先要培植一种有益于国家、社会、他人的道德。

党的十八大提出，倡导富强、民主、文明、和谐，倡导自由、平等、公正、法治，倡导爱国、敬业、诚信、友善，积极培

育和践行社会主义核心价值观。富强、民主、文明、和谐是国家层面的价值目标，自由、平等、公正、法治是社会层面的价值取向，爱国、敬业、诚信、友善是公民个人层面的价值准则。"富强、民主、文明、和谐；自由、平等、公正、法治；爱国、敬业、诚信、友善"，这 24 个字是社会主义核心价值观的基本内容。践行社会主义核心价值观对于道德建设具有重要的指导意义，而加强道德建设又对践行社会主义核心价值观发挥着基础性作用，两者互有联系，相辅相成。

建设行业是社会主义现代化建设中的一个十分重要的行业。工厂、住宅、学校、商店、医院、体育场馆、文化娱乐设施等的建设，都离不开建设行为，它以满足人民群众日益增长的物质文化生活需要为出发点。建设行业职业道德是社会主义核心价值观、社会主义道德规范在建设行业的具体体现。

2. 结合建设行业特点和现实，加强职业道德建设

（1）职业道德建设的行业特点

以建设行业中建筑为例，专业多、岗位多、从业人员多且普遍文化程度较低、综合素质相对不高；条件艰苦，任务繁重，露天作业、高空作业，常年日晒雨淋，生产生活场所条件艰苦，安全设施落后和不足，作业存在安全隐患，安全事故频发；施工涉及面大，人员流动性强，四海为家，四处奔波，难以接受长期定点的培训教育；工种之间联系紧密，各专业、各工种、各岗位前后延续共同完成工程的建设；具有较强的社会性，一座建筑物凝聚了多方面的努力，体现了其社会价值和经济价值。同时，随着国民经济的发展，建筑行业地位和作用也越来越重要，行业发展关乎国计民生。因此，对从业人员开展及时的、各类形式灵活多样的教育培训，提高其道德素质、文化水平、专业知识和职业技能；结合行业特点，加强团结协作教育、服务意识教育和职业道德教育，一切为了社会广大人民和子孙后代的利益，坚持社会主义、集体主义原则，严谨务实，艰苦奋斗、多出精品优质工程，体现其社会价值和经济价值尤为重要。

（2）职业道德建设的行业现实

一个建筑物的诞生或一项工程的竣工需要有良好的设计、周密的施工、合格的建筑材料和严格的检验与监督。近几年来，出现设计结构不合理、计算偏差、不考虑相关因素的情况，埋下重大隐患；施工过程中秩序混乱；建筑材料伪劣产品层出不穷；金钱、人情关系扰乱工程安全质量监督，质量安全事故屡见不鲜。作为百年大计的工程建设产品，如果质量差，损失和危害将无法估量。例如5·12汶川大地震中某些倒塌的问题房屋，杭州地铁坍塌，上海、石家庄在建楼房倒塌事件等。造成这些问题的因素很多，但是道德因素是其中最重要的因素之一。再如，面对激烈的市场竞争，一些建筑企业为了拿到工程项目，使用各种手段，其中手段之一就是盲目压价，用根本无法完成工程的价格去投标。中标后就在设计、施工、材料等方面做文章，启用非法设计人员搞黑设计；施工中偷工减料；材料上买低价伪劣产品，最终，使建筑物的"百年大计"大大打了折扣。因此，大力加强建设行业职业道德建设，营造市场经济良好环境，经济效益和社会效益并重尤为紧迫。

3. 建设行业职业道德要求

根据住房和城乡建设部发布的《建筑业从业人员职业道德规范（试行）》，对建筑从业人员共同职业道德规范要求如下：

（1）热爱事业，尽职尽责

热爱建筑事业，安心本职工作，树立职业责任感和荣誉感，发扬主人翁精神，尽职尽责，在生产中不怕苦，勤勤恳恳，努力完成任务。

（2）努力学习，苦练硬功

努力学文化，学知识，刻苦钻研技术，熟练掌握本工种的基本技能，练就一身过硬本领。努力学习和运用先进的施工方法，钻研建筑新技术、新工艺、新材料。

（3）精心施工，确保质量

树立"百年大计、质量第一"的思想，按设计图纸和技术规范精心操作，确保工程质量，用优良的成绩树立建筑工人形象。

（4）安全生产，文明施工

树立安全生产意识，严格安全操作规程，杜绝一切违章作业现象，确保安全生产无事故。维护施工现场整洁，在争创安全文明标准化现场管理中作出贡献。

（5）节约材料，降低成本

发扬勤俭节约优良传统，在操作中珍惜一砖一木，合理使用材料，认真做好落手清、现场清，及时回收材料，努力降低工程成本。

（6）遵章守纪，维护公德

要争做文明员工模范，遵守各项规章制度，发扬团结互助精神，尽力为其他工种提供方便。

4. 特种作业人员职业道德核心内容

（1）安全第一

坚持"生产必须安全，安全为了生产"的意识，严格遵守操作规程。操作人员要强化安全意识，认真执行安全生产的法律、法规、标准和规范，严格执行操作规程和程序，杜绝一切违章作业，不野蛮施工，不乱堆乱扔。

（2）诚实守信

诚实守信作为社会主义职业道德的基本规范，是和谐社会发展的必然要求，它不仅是建设领域职工安身立命的基础，也是企业赖以生存和发展的基石。操作人员要言行一致，表里如一，真实无欺，相互信任，遵守诺言，忠实地履行自己应当承担的责任和义务。

（3）爱岗敬业

爱岗就是热爱自己的工作岗位，敬业就是要用一种恭敬严肃的态度对待自己的工作。操作人员应当热爱本职工作，不怕苦、不怕累，认真负责，集中精力，精心操作，密切配合其他工种施工，确保工程质量，使工程如期完成。这是社会对每个从业者的要求，更应当是每个从业者对自己的自觉约束。

（4）钻研技术

操作人员要努力学习科学文化知识，刻苦钻研专业技术，苦练硬功，扎实工作，熟练掌握本工作的基本技能，努力学习和运用先进的施工方法，精通本岗位业务，不断提高业务能力。

（5）保护环境

文明操作，防止损害他人和国家财产。讲究施工环境优美，做到优质、高效、低耗。做到不乱排污水，不乱倒垃圾，不影响交通，不扰民施工。

第二章　建筑施工特种作业人员和管理

第一节　建筑施工特种作业

1. 建筑施工特种作业概念

建筑施工特种作业人员是指在房屋建筑和市政工程施工活动中，从事对本人、他人的生命健康及周围设施的安全可能造成重大危害的作业人员。

特种作业有着不同的危险因素，《中华人民共和国安全生产法》规定：生产经营单位的特种作业人员必须按照国家有关规定经专门的安全作业培训，取得相应资格，方可上岗作业。

2. 建筑施工特种作业工种

（1）住房和城乡建设部《建筑施工特种作业人员管理规定》（建质〔2008〕75号）所确定的建筑施工特种作业人员包括：

1）建筑电工。

2）建筑架子工。

3）建筑起重信号司索工。

4）建筑起重机械司机。

5）建筑起重机械安装拆卸工。

6）高处作业吊篮安装拆卸工。

7）经省级以上人民政府建设主管部门认定的其他特种作业。

（2）《江苏省建筑施工特种作业人员管理暂行办法》（苏建管质〔2009〕5号），规定了江苏省的建筑施工特种作业人员包括：

1）建筑电工。

2）建筑架子工。

3）建筑起重信号司索工。

4）建筑起重机械司机。

5）建筑起重机械安装拆卸工。

6）高处作业吊篮安装拆卸工。

7）建筑焊工。

8）建筑起重机械安装质量检验工。

9）桩机操作工。

10）建筑混凝土泵操作工。

11）建筑施工现场场内机动车司机。

12）其他特种作业人员。

目前，江苏省又将"建筑施工现场场内机动车司机"细分为："建筑施工现场场内叉车司机""建筑施工现场场内装载机司机""建筑施工现场场内翻斗车司机""建筑施工现场场内推土机司机""建筑施工现场场内挖掘机司机""建筑施工现场场内压路机司机""建筑施工现场场内平地机司机""建筑施工现场场内沥青混凝土摊铺机司机"等。

第二节　建筑施工特种作业人员

按照住房和城乡建设部与江苏省建设行政主管部门的规定，从事建筑施工特种作业的人员应当取得建筑施工特种作业人员操作资格证书，方可上岗从事相应作业。

1. 年龄及身体要求

年满18周岁且符合相应特种作业规定的年龄要求。

近3个月内经二级乙等以上医院体检合格且无听觉障碍、无色盲，无妨碍从事本工种的疾病（如癫痫病、高血压、心脏病、眩晕症、精神病和突发性昏厥症等）和生理缺陷。

2. 学历要求

初中及以上学历。其中，报考建筑起重机械安装质量检验工（塔式起重机、施工升降机）的人员，应符合下列条件之一：

（1）具有工程机械（建筑机械）类、电气类大专以上学历或工程机械（建筑机械）类、电气类、安全工程类助理工程师任职资格，并从事起重机设计、制造、安装调试、维修、操作、检验工作 2 年及其以上。

（2）具有工程机械（建筑机械）类、电气类中专、理工科（非起重专业）大专以上学历或工程机械（建筑机械）类、电气类、安全工程类技术员任职资格，并从事起重机设计、制造、安装调试、维修、操作、检验工作 3 年及其以上。

（3）具有高中学历并从事起重机设计、制造、安装调试、维修、操作、检验工作 5 年及其以上。

3. 考核要求

（1）报名

全省建筑施工特种作业人员考核、发证及管理系统集成在"江苏省建筑业监管信息平台 2.0"上。建筑施工企业人员可由企业统一组织通过监管信息平台直接报名，非建筑施工企业人员向所在地考核基地报名，填报相应工种，经市县建设（筑）主管部门资格审查合格后，到经省建设行政主管部门认定的建筑施工特种作业考核基地，进行培训后参加考核。

凡申请考核、延期复核、换证的人员均须进行二代身份证信息和指静脉信息采集。采集入库的二代身份证和指静脉信息，将作为今后个人进行考核、延期复核、换证、查验的依据，如信息不吻合，将影响上述有关事项的办理。

企业可自行采集本企业申报人员二代身份证信息，指纹信息须由申报人员至考核基地进行现场采集。

（2）考核

建筑施工特种作业人员考核包括安全技术理论和安全操作技能。

考核内容分掌握、熟悉、了解三类。其中掌握即要求能运用相关特种作业知识解决实际问题；熟悉即要求能较深理解相关特种作业安全技术知识；了解即要求具有相关特种作业的基本知识。

（3）考核办法

1）安全技术理论考核。采用无纸化网络闭卷考试方式，考试时间为 2 小时，实行百分制，60 分为合格。其中，安全生产基本知识占 25％、专业基础知识占 25％、专业技术理论占 50％。

2）安全操作技能考核。采用实际操作（或模拟操作）、口试等方式，考核实行百分制，70 分为合格。

3）参考人员在安全技术理论考核合格后，方可参加实际操作技能考核。同一工种的实操考核时间不得早于理论考核时间，在实际操作技能考核合格后，可以取得相应的建筑施工特种作业人员操作资格。

4. 发证

（1）按照住房和城乡建设部《建筑施工特种作业人员管理规定》（建质〔2008〕75 号）的规定，考核发证机关对于考核合格的，应当自考核结果公布之日起 10 个工作日内颁发资格证书。资格证书采用国务院建设主管部门统一规定的式样，由考核发证机关编号后签发。资格证书在全国通用。

（2）江苏省建设行政主管部门从 2017 年下半年开始，试行发放"电子证书"。此项工作得到了住房和城乡建设部的同意。2017 年 10 月 18 日，江苏省政务服务管理办公室与省住房和城乡建设厅联合发文《关于启用住房城乡建设领域从业人员考核合格电子证书使用的有关通知》（省政务办发〔2017〕66 号），文件规定从 2017 年 12 月 1 日起，全面启用电子证书，停发同名纸质证书。根据《中华人民共和国电子签名法》规定，可靠的电子证书具备与同名纸质证书相同效力。省住房和城乡建设厅核发的电子证书，各地在公共资源交易、资质核准予以认可。

（3）电子证书式样（图 2-1）

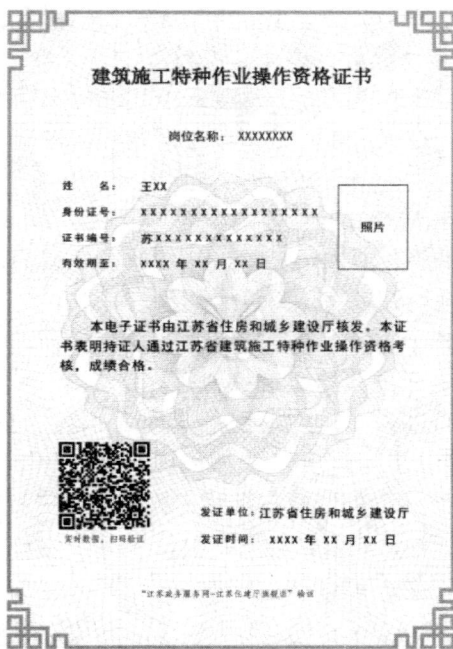

图 2-1 电子证书的样式

第三节 建筑施工特种作业人员的权利

1. 获得劳动安全卫生的保护权利

建筑施工特种作业人员有获得用人单位提供符合国家规定的劳动安全卫生条件和必要的劳动防护用品的权利；并且有要求按照规定获得职业病健康体检、职业病诊疗、康复等职业病防治服务的权利。

2. 对安全生产状况的知情、参与和建议的权利

建筑施工特种作业人员有获得所从事的特种作业，可能面临的任何潜在危险、职业危害，安全与健康可能造成的后果的知情权；有参与判别和解决所面临的劳动安全卫生问题的权利；有对

本单位的安全生产和劳动安全卫生工作建议的权利。

3. 接受职业技能教育培训的权利

建筑施工特种作业人员有接受职业技能教育和安全生产知识培训的权利，以获得对工作环境、生产过程、机械设备和危险物质等方面的有关安全卫生知识。

4. 拒绝违章指挥和强令冒险作业的权利

建筑施工特种作业人员在单位领导或者有关工程技术人员违章指挥，或者在明知存在危险因素而没有采取安全保护措施，强迫命令操作人员作业时，有拒绝工作的权利。

5. 危险状态下的紧急避险权利

在生产劳动过程中，当发现危及作业人员生命安全的情况时，作业人员有权停止工作或者撤离现场。

6. 安全生产活动的监督与批评、检举、控告和申诉的权利

建筑施工特种作业人员对用人单位遵守劳动安全卫生法律法规和标准，履行保护工人安全健康的责任的情况，有监督的权利。对用人单位违反劳动安全卫生法律法规和标准，不履行其责任的情况，作业人员有批评、检举和控告的权利。在劳动保护等方面受到用人单位不公正待遇时，作业人员有向有关部门提出申诉的权利。

对作业人员的检举、控告和申诉，建设行政主管部门和其他有关部门应当查清事实，认真处理，不得压制和打击报复。

用人单位不得因作业人员对本单位安全生产工作提出批评、检举、控告或者拒绝违章指挥、强令冒险作业及向有关部门提出申诉而降低其工资、福利等待遇或者解除与其订立的劳动合同。

7. 依法获得工伤保险的权利

生产经营单位必须依法参加工伤社会保险，为从业人员缴纳保险费。建筑施工企业必须为从事危险作业的职工办理意外伤害保险，支付保险费。当作业人员发生工伤事故时，有权依法获得相关保险的权利。

第四节　建筑施工特种作业人员的义务

1. 遵守有关安全生产的法律、法规和规章的义务

建筑施工特种作业人员在施工活动中，应当遵守有关安全生产的法律、法规和规章。遵守建筑施工安全强制性标准和用人单位的规章制度，严格按照操作规程操作，做到不违规作业、不违章作业。

2. 提高职业技能和安全生产操作水平的义务

建筑施工特种作业人员面对建筑施工活动中的复杂性和多样性，要不断提高职业技能水平。在未上岗之前应参加岗前技能培训和安全生产操作能力的培训，掌握安全操作知识和技能，取得相应合格证书后方可上岗工作。已在工作岗位上的人员，还必须经常性地参加有关教育培训，熟练掌握本工种的各项安全操作技能，不断提高职业技能和安全生产操作水平。

3. 遵守劳动纪律的义务

建筑施工特种作业人员应严格遵守用人单位的劳动纪律。劳动纪律是用人单位为形成和维持生产经营秩序，保证劳动合同得以履行，要求全体员工在集体劳动、工作、生活过程中以及与劳动、工作紧密相关的其他过程中必须共同遵守的规则。

4. 发现事故隐患和其他不安全因素，立即报告的义务

建筑施工特种作业人员在施工现场直接承担具体的作业活动，更容易发现事故隐患或者其他不安全因素，一旦发现事故隐患或者其他不安全因素，作业人员应当立即向现场安全生产管理人员或者本单位负责人报告，不得隐瞒不报或者拖延报告。如果作业人员发现所报告的事故隐患或者其他不安全因素得不到解决，作业人员也可以越级上报。

5. 完成生产任务的义务

建筑施工特种作业人员完成合理的生产任务是应尽的义务，也是取得劳动报酬的基本条件。作业人员在完成合理生产任务的前提下，还应该保证质量，争做生产劳动的积极分子，为企业经济效益、为社会财富的积累、为国家的发展做出自己应有的贡献。

第五节　建筑施工特种作业人员的管理

根据住房和城乡建设部的规定，省、自治区、直辖市人民政府建设主管部门或者其委托的考核机构负责本行政区域内建筑施工特种作业人员的考核工作。

1. 建设行政主管部门的管理职责

（1）省建设行政主管部门的管理职责

1）负责全省范围内建筑施工特种作业人员的考核监督管理工作。

2）研究制定特种作业人员执业资格考核标准、考核大纲，建立相应工种的试题库。

3）认证特种作业人员执业资格考核基地。

4）负责特种作业人员执业资格考核工作的师资教育培训，监督管理考核考务工作。

5）负责特种作业人员执业证书的颁发和管理。

6）负责特种作业人员统计信息工作。

7）其他监督管理工作。

（2）受委托的市、县建设（筑）行政主管部门的管理职责

1）负责本行政区域内特种作业人员的监督管理工作，制定本地区特种作业人员考核发证管理制度，建立本地区特种作业人员档案。

2）负责考核基地的初审和考评人员的日常管理。

3）负责特种作业人员考核工作的组织实施。

4）负责特种作业人员考核、延期复核、换证的市、县分级审核。

5）负责特种作业人员执业继续教育。

6）负责特种作业人员的统计信息工作。

7）监督检查特种作业人员的从业活动，查处违章行为并记录在档。

8）其他监督管理工作。

2. 用人单位的管理职责

（1）用人单位对于首次取得执业资格证书的人员，应当在其正式上岗前安排不少于 3 个月的实习操作。实习操作期间，用人单位应当指定专人指导和监督作业。实习操作期满经用人单位考核合格方可独立作业（所指定的专人应当从已取得相应特种作业资格证书、从事相关工作 3 年以上、无不良记录的熟练工中选取）。

（2）与持有效执业资格证书的特种作业人员订立劳动合同。

（3）制定并落实本单位特种作业安全操作规程和安全管理制度。

（4）书面告知特种作业人员违章操作的危害。

（5）向特种作业人员提供齐全、合格的安全防护用品和安全的作业条件。

（6）组织或者委托有能力的培训机构对本单位特种作业人员进行年度安全生产教育培训或者继续教育，时间不少于 24 小时。

（7）建立本单位特种作业人员管理档案。

（8）查处特种作业人员违章行为并记录在档。

（9）法律法规及有关规定明确的其他职责。

3. 特种作业人员应履行的职责

（1）严格遵守国家有关安全生产规定和本单位的规章制度，按照安全技术标准、规范和规程进行作业。

（2）正确佩戴和使用安全防护用品，并按规定对作业工具和设备进行维护保养。

（3）在施工中发生危及人身安全的紧急情况时，有权立即停止作业或者撤离危险区域，并向施工现场专职安全生产管理人员和项目负责人报告。

（4）自觉参加年度安全教育培训或者继续教育，每年不得少于 24 小时。

（5）拒绝违章指挥，并制止他人违章作业。

（6）法律法规及有关规定明确的其他职责。

4. 特种作业人员资格证书的延期

建筑施工特种作业人员执业资格证书有效期为 2 年。有效期满需要延期的，持证人员本人应当在期满前 3 个月内，向原市县考核受理机关提出申请，市县建设行政主管部门初审后，向省建设行政主管部门申请办理延期复核相关手续。延期复核合格的，证书有效期延期 2 年。

（1）特种作业人员申请资格证书延期复核，应当提交下列材料：

1）延期复核申请表。

2）身份证（原件和复印件）。

3）近 3 个月内由二级乙等以上医院出具的体检合格证明。

4）年度安全教育培训证明和继续教育证明。

5）用人单位出具的特种作业人员管理档案记录。

6）规定提交的其他资料。

（2）特种作业人员在资格证书有效期内，有下列情形之一的，延期复核结果为不合格：

1）超过相关工种规定年龄要求的。

2）身体健康状况不再适应相应特种作业岗位的。

3）对生产安全事故负有直接责任的。

4）2 年内违章操作记录达 3 次（含 3 次）以上的。

5）未按规定参加年度安全教育培训或者继续教育的。

6）规定的其他情形。

（3）市县建设行政主管部门在接到特种作业人员提交的延期复核申请后，应当根据下列情况分别作出处理：

1）对于不符合延期复核申请相关情形的，市县建设行政主管部门自收到延期复核资料之日起 5 个工作日内作出不予延期决定，并说明理由。

2）对于提交资料齐全且符合延期复审申请相关情形的，省建设行政主管部门自收到市县建设行政主管部门延期复核相关手续之日起 10 个工作日内办理准予延期复核手续。

（4）省建设行政主管部门应当在资格证书有效期满前按相关规定作出决定，逾期未作出决定的，视为延期复核合格。

5. 特种作业人员资格证书的撤销与注销

（1）省建设行政主管部门对有下列情形之一的，应当撤销资格证书：

1）持证人弄虚作假骗取资格证书或者办理延期手续的。

2）工作人员违法核发资格证书的。

3）持证人员因安全生产责任事故承担刑事责任的。

4）规定应当撤销的其他情形。

（2）省建设行政主管部门对有下列情形之一的，应当注销资格证书：

1）按规定不予延期的。

2）持证人逾期未申请办理延期复核手续的。

3）持证人死亡或者不具有完全民事行为能力的。

4）本人提出要求的。

5）规定应当注销的其他情形。

6. 特种作业人员管理的其他要求

（1）持有特种作业资格证书的执业人员，应当受聘于建筑施工企业或者建筑起重机械出租单位（以下简称用人单位），方可从事相应的特种作业。

（2）任何单位和个人不得非法涂改、倒卖、出租、出借或者以其他形式转让资格证书。

（3）特种作业人员变动工作单位，任何单位和个人不得以任何理由非法扣押其执业资格证书。

（4）各地应当建立举报制度，公开举报电话或者电子信箱，受理有关特种作业人员考核、发证以及延期复核的举报。对受理的举报，有关机关和工作人员应当及时妥善处理。

第三章 建筑施工安全生产相关法规及管理制度

第一节 建筑安全生产相关法律主要内容

《中华人民共和国宪法》规定：国家通过各种途径，创造劳动就业条件，加强劳动保护，改善劳动条件，并在发展生产的基础上，提高劳动报酬和福利待遇。

劳动是一切有劳动能力的公民的光荣职责。国有企业和城乡集体经济组织的劳动者都应当以国家主人翁的态度对待自己的劳动。国家提倡社会主义劳动竞赛，奖励劳动模范和先进工作者。

1.《中华人民共和国建筑法》相关内容

（1）建筑活动应当确保建筑工程质量和安全，符合国家的建筑工程安全标准。

（2）从事建筑活动应当遵守法律、法规，不得损害社会公共利益和他人的合法权益。

（3）建筑工程安全生产管理必须坚持安全第一、预防为主的方针，建立健全安全生产的责任制度和群防群治制度。

（4）建筑施工企业应当在施工现场采取维护安全、防范危险、预防火灾等措施；有条件的，应当对施工现场实行封闭管理。

施工现场对毗邻的建筑物、构筑物和特殊作业环境可能造成损害的，建筑施工企业应当采取安全防护措施。

（5）建筑施工企业应当遵守有关环境保护和安全生产的法律、法规的规定，采取控制和处理施工现场的各种粉尘、废气、废水、固体废物以及噪声、振动对环境的污染和危害的措施。

（6）建筑施工企业必须依法加强对建筑安全生产的管理，落实安全生产责任制度，采取有效措施，防止伤亡和其他安全生产事故的发生。

建筑施工企业的法定代表人对本企业的安全生产负责。

（7）施工现场安全由建筑施工企业负责。实行施工总承包的，由总承包单位负责。分包单位向总承包单位负责，服从总承包单位对施工现场的安全生产管理。

（8）建筑施工企业应当建立健全劳动安全生产教育培训制度，加强对职工安全生产的教育培训；未经安全生产教育培训的人员，不得上岗作业。

（9）建筑施工企业和作业人员在施工过程中，应当遵守有关安全生产的法律、法规和建筑行业安全规章、规程，不得违章指挥或者违章作业。作业人员有权对影响人身健康的作业程序和作业条件提出改进意见，有权获得安全生产所需的防护用品。作业人员对危及生命安全和人身健康的行为有权提出批评、检举和控告。

（10）建筑施工企业应当依法为职工参加工伤保险缴纳工伤保险费。鼓励企业为从事危险作业的职工办理意外伤害保险，支付保险费。

（11）施工中发生事故时，建筑施工企业应当采取紧急措施减少人员伤亡和事故损失，并按照国家有关规定及时向有关部门报告。

2.《中华人民共和国安全生产法》相关内容

（1）生产经营单位必须遵守本法和其他有关安全生产的法律、法规，加强安全生产管理，建立、健全安全生产责任制和安全生产规章制度，改善安全生产条件，推进安全生产标准化建设，提高安全生产水平，确保安全生产。

（2）有关协会组织依照法律、行政法规和章程，为生产经营单位提供安全生产方面的信息、培训等服务，发挥自律作用，促进生产经营单位加强安全生产管理。

（3）国家实行生产安全事故责任追究制度，依照本法和有关法律、法规的规定，追究生产安全事故责任人员的法律责任。

（4）生产经营单位应当对从业人员进行安全生产教育和培训，保证从业人员具备必要的安全生产知识，熟悉有关的安全生产规章制度和安全操作规程，掌握本岗位的安全操作技能，了解事故应急处理措施，知悉自身在安全生产方面的权利和义务。未经安全生产教育和培训合格的从业人员，不得上岗作业。

（5）生产经营单位的特种作业人员必须按照国家有关规定经专门的安全作业培训，取得相应资格，方可上岗作业。

（6）生产经营单位应当建立健全生产安全事故隐患排查治理制度，采取技术、管理措施，及时发现并消除事故隐患。事故隐患排查治理情况应当如实记录，并向从业人员通报。

（7）承担安全评价、认证、检测、检验的机构应当具备国家规定的资质条件，并对其作出的安全评价、认证、检测、检验的结果负责。

（8）负有安全生产监督管理职责的部门应当建立举报制度，公开举报电话、信箱或者电子邮件地址，受理有关安全生产的举报；受理的举报事项经调查核实后，应当形成书面材料；需要落实整改措施的，报经有关负责人签字并督促落实。

（9）任何单位或者个人对事故隐患或者安全生产违法行为，均有权向负有安全生产监督管理职责的部门报告或者举报。

（10）新闻、出版、广播、电影、电视等单位有进行安全生产宣传教育的义务，有对违反安全生产法律、法规的行为进行舆论监督的权利。

3.《中华人民共和国特种设备安全法》相关内容

（1）特种设备生产、经营、使用单位应当遵守本法和其他有关法律、法规，建立、健全特种设备安全和节能责任制度，加强特种设备安全和节能管理，确保特种设备生产、经营、使用安全，符合节能要求。

（2）任何单位和个人有权向负责特种设备安全监督管理的部

门和有关部门举报涉及特种设备安全的违法行为，接到举报的部门应当及时处理。

（3）特种设备生产、经营、使用单位及其主要负责人对其生产、经营、使用的特种设备安全负责。

特种设备生产、经营、使用单位应当按照国家有关规定配备特种设备安全管理人员、检测人员和作业人员，并对其进行必要的安全教育和技能培训。

（4）特种设备安全管理人员、检测人员和作业人员应当按照国家有关规定取得相应资格，方可从事相关工作。特种设备安全管理人员、检测人员和作业人员应当严格执行安全技术规范和管理制度，保证特种设备安全。

（5）特种设备使用单位应当建立岗位责任、隐患治理、应急救援等安全管理制度，制定操作规程，保证特种设备安全运行。

（6）特种设备使用单位应当建立特种设备安全技术档案。

安全技术档案应当包括以下内容：

1）特种设备的设计文件、产品质量合格证明、安装及使用维护保养说明、监督检验证明等相关技术资料和文件；

2）特种设备的定期检验和定期自行检查记录；

3）特种设备的日常使用状况记录；

4）特种设备及其附属仪器仪表的维护保养记录；

5）特种设备的运行故障和事故记录。

（7）特种设备的使用应当具有规定的安全距离、安全防护措施。

（8）特种设备使用单位应当对其使用的特种设备进行经常性维护保养和定期自行检查，并作好记录。

特种设备使用单位应当对其使用的特种设备的安全附件、安全保护装置进行定期校验、检修，并作好记录。

（9）特种设备使用单位应当按照安全技术规范的要求，在检验合格有效期届满前一个月向特种设备检验机构提出定期检验要求。

特种设备检验机构接到定期检验要求后，应当按照安全技术规范的要求及时进行安全性能检验。特种设备使用单位应当将定期检验标志置于该特种设备的显著位置。

未经定期检验或者检验不合格的特种设备，不得继续使用。

（10）特种设备安全管理人员应当对特种设备使用状况进行经常性检查，发现问题应当立即处理；情况紧急时，可以决定停止使用特种设备并及时报告本单位有关负责人。

特种设备作业人员在作业过程中发现事故隐患或者其他不安全因素，应当立即向特种设备安全管理人员和单位有关负责人报告；特种设备运行不正常时，特种设备作业人员应当按照操作规程采取有效措施保证安全。

（11）特种设备出现故障或者发生异常情况，特种设备使用单位应当对其进行全面检查，消除事故隐患，方可继续使用。

（12）负责特种设备安全监督管理的部门在依法履行监督检查职责时，可以行使下列职权：

1）进入现场进行检查，向特种设备生产、经营、使用单位和检验、检测机构的主要负责人和其他有关人员调查、了解有关情况；

2）根据举报或者取得的涉嫌违法证据，查阅、复制特种设备生产、经营、使用单位和检验、检测机构的有关合同、发票、账簿以及其他有关资料；

3）对有证据表明不符合安全技术规范要求或者存在严重事故隐患的特种设备实施查封、扣押；

4）对流入市场的达到报废条件或者已经报废的特种设备实施查封、扣押；

5）对违反本法规定的行为作出行政处罚决定。

（13）特种设备使用单位应当制定特种设备事故应急专项预案，并定期进行应急演练。

（14）特种设备发生事故后，事故发生单位应当按照应急预案采取措施，组织抢救，防止事故扩大，减少人员伤亡和财产损失，保护事故现场和有关证据，并及时向事故发生地县级以上人民政府负责特种设备安全监督管理的部门和有关部门报告。

与事故相关的单位和人员不得迟报、谎报或者瞒报事故情况，不得隐匿、毁灭有关证据或者故意破坏事故现场。

4.《中华人民共和国劳动合同法》相关内容

（1）用人单位自用工之日起即与劳动者建立劳动关系。用人单位应当建立职工名册备查。

（2）用人单位招用劳动者时，应当如实告知劳动者工作内容、工作条件、工作地点、职业危害、安全生产状况、劳动报酬，以及劳动者要求了解的其他情况；用人单位有权了解劳动者与劳动合同直接相关的基本情况，劳动者应当如实说明。

（3）用人单位招用劳动者，不得扣押劳动者的居民身份证和其他证件，不得要求劳动者提供担保或者以其他名义向劳动者收取财物。

（4）建立劳动关系，应当订立书面劳动合同。

已建立劳动关系，未同时订立书面劳动合同的，应当自用工之日起一个月内订立书面劳动合同。

用人单位与劳动者在用工前订立劳动合同的，劳动关系自用工之日起建立。

（5）劳动合同无效或者部分无效的情形：

1）以欺诈、胁迫的手段或者乘人之危，使对方在违背真实意思的情况下订立或者变更劳动合同的。

2）用人单位免除自己的法定责任、排除劳动者权利的。

3）违反法律、行政法规强制性规定的。

对劳动合同的无效或者部分无效有争议的，由劳动争议仲裁机构或者人民法院确认。

（6）用人单位应当按照劳动合同约定和国家规定，向劳动者及时足额支付劳动报酬。

用人单位拖欠或者未足额支付劳动报酬的，劳动者可以依法向当地人民法院申请支付令，人民法院应当依法发出支付令。

（7）用人单位应当严格执行劳动定额标准，不得强迫或者变相强迫劳动者加班。用人单位安排加班的，应当按照国家有关规定向劳动者支付加班费。

（8）劳动者拒绝用人单位管理人员违章指挥、强令冒险作业的，不视为违反劳动合同。

劳动者对危害生命安全和身体健康的劳动条件，有权对用人单位提出批评、检举和控告。

5. 《中华人民共和国刑法》相关内容

（1）【重大责任事故罪】在生产、作业中违反有关安全管理的规定，因而发生重大伤亡事故或者造成其他严重后果的，处三年以下有期徒刑或者拘役；情节特别恶劣的，处三年以上七年以下有期徒刑。

（2）【强令违章冒险作业罪】强令他人违章冒险作业，因而发生重大伤亡事故或者造成其他严重后果的，处五年以下有期徒刑或者拘役；情节特别恶劣的，处五年以上有期徒刑。

（3）【重大劳动安全事故罪】安全生产设施或者安全生产条件不符合国家规定，因而发生重大伤亡事故或者造成其他严重后果的，对直接负责的主管人员和其他直接责任人员，处三年以下有期徒刑或者拘役；情节特别恶劣的，处三年以上七年以下有期徒刑。

（4）【工程重大安全事故罪】建设单位、设计单位、施工单位、工程监理单位违反国家规定，降低工程质量标准，造成重大安全事故的，对直接责任人员，处五年以下有期徒刑或者拘役，并处罚金；后果特别严重的，处五年以上十年以下有期徒刑，并处罚金。

（5）【消防责任事故罪】违反消防管理法规，经消防监督机构通知采取改正措施而拒绝执行，造成严重后果的，对直接责任人员，处三年以下有期徒刑或者拘役；后果特别严重的，处三年以上七年以下有期徒刑。

（6）【不报、谎报安全事故罪】在安全事故发生后，负有报告职责的人员不报或者谎报事故情况，贻误事故抢救，情节严重的，处三年以下有期徒刑或者拘役；情节特别严重的，处三年以上七年以下有期徒刑。

第二节 建筑安全生产相关法规主要内容

1.《建设工程安全生产管理条例》

该条例规定了施工单位的相关安全责任，包括：依法取得资质和承揽工程；建立、健全安全生产制度和操作规程；保证本单位安全生产条件所需资金的投入；设立安全生产管理机构，配备专职安全生产管理人员；总承包单位对施工现场的安全生产负总责；总承包单位和分包单位对分包工程的安全生产承担连带责任；特种作业人员必须按照国家有关规定经过专门的安全作业培训，并取得特种作业操作资格证书；施工单位的施工组织设计及专项施工方案管理责任；建设工程施工安全技术交底责任；施工现场、办公、生活区安全文明管理责任；相邻建筑物及环保管理责任；施工现场防火管理责任；施工作业人员安全防护及劳保管理责任；施工机械管理责任；施工单位的主要负责人、项目负责人、专职安全生产管理人员任职管理责任；施工单位对管理人员和作业人员的安全生产教育培训管理责任；施工单位为施工现场从事危险作业的人员办理意外伤害保险等相关安全责任。

相关内容：

（1）垂直运输机械作业人员、安装拆卸工、爆破作业人员、起重信号工、登高架设作业人员等特种作业人员，必须按照国家有关规定经过专门的安全作业培训，并取得特种作业操作资格证书后，方可上岗作业。

（2）施工单位应当在施工现场入口处、施工起重机械、临时用电设施、脚手架、出入通道口、楼梯口、电梯井口、孔洞口、桥梁口、隧道口、基坑边沿、爆破物及有害危险气体和液体存放处等危险部位，设置明显的安全警示标志。安全警示标志必须符合国家标准。

施工单位应当根据不同施工阶段和周围环境及季节、气候的变化，在施工现场采取相应的安全施工措施。施工现场暂时停止施工的，施工单位应当做好现场防护，所需费用由责任方承担，或者按照合同约定执行。

（3）施工单位应当向作业人员提供安全防护用具和安全防护服装，并书面告知危险岗位的操作规程和违章操作的危害。

作业人员有权对施工现场的作业条件、作业程序和作业方式中存在的安全问题提出批评、检举和控告，有权拒绝违章指挥和强令冒险作业。

在施工中发生危及人身安全的紧急情况时，作业人员有权立即停止作业或者在采取必要的应急措施后撤离危险区域。

2.《生产安全事故报告和调查处理条例》

该条例对事故报告、事故调查、事故等级及事故处理作出了如下规定：

（1）根据生产安全事故（以下简称事故）造成的人员伤亡或者直接经济损失，事故一般分为以下等级：

1）特别重大事故，是指造成 30 人（含 30 人）以上死亡，或者 100 人（含 100 人）以上重伤（包括急性工业中毒，下同），或者 1 亿元（含 1 亿元）以上直接经济损失的事故；

2）重大事故，是指造成 10 人（含 10 人）以上 30 人以下死亡，或者 50 人（含 50 人）以上 100 人以下重伤，或者 5000 万元（含 5000 万元）以上 1 亿元以下直接经济损失的事故；

3）较大事故，是指造成 3 人（含 3 人）以上 10 人以下死亡，或者 10 人（含 10 人）以上 50 人以下重伤，或者 1000 万元（含 1000 万元）以上 5000 万元以下直接经济损失的事故；

4）一般事故，是指造成 3 人以下死亡，或者 10 人以下重伤，或者 1000 万元以下直接经济损失的事故。

（2）事故发生后，事故现场有关人员应当立即向本单位负责人报告；单位负责人接到报告后，应当于 1 小时内向事故发生地县级以上人民政府安全生产监督管理部门和负有安全生产监督管理职责的有关部门报告。

情况紧急时，事故现场有关人员可以直接向事故发生地县级以上人民政府安全生产监督管理部门和负有安全生产监督管理职责的有关部门报告。

（3）事故调查组有权向有关单位和个人了解与事故有关的情况，并要求其提供相关文件、资料，有关单位和个人不得拒绝。

事故发生单位的负责人和有关人员在事故调查期间不得擅离职守，并应当随时接受事故调查组的询问，如实提供有关情况。

事故调查中发现涉嫌犯罪的，事故调查组应当及时将有关材料或者其复印件移交司法机关处理。

3. 《特种设备安全监察条例》

（1）特种设备生产、使用单位应当建立、健全特种设备安全、节能管理制度和岗位安全、节能责任制度。

特种设备生产、使用单位的主要负责人应当对本单位特种设备的安全和节能全面负责。

特种设备生产、使用单位和特种设备检验检测机构，应当接受特种设备安全监督管理部门依法进行的特种设备安全监察。

（2）特种设备出现故障或者发生异常情况，使用单位应当对其进行全面检查，消除事故隐患后，方可重新投入使用。

（3）特种设备使用单位应当对特种设备作业人员进行特种设备安全、节能教育和培训，保证特种设备作业人员具备必要的特种设备安全、节能知识。

特种设备作业人员在作业中应当严格执行特种设备的操作规程和有关的安全规章制度。

（4）特种设备作业人员在作业过程中发现事故隐患或者其他不安全因素，应当立即向现场安全管理人员和单位有关负责人报告。

第三节 建筑安全生产相关
规章及规范性文件主要内容

1.《建筑起重机械安全监督管理规定》

（1）使用单位应当履行下列安全职责：

1）根据不同施工阶段、周围环境以及季节、气候的变化，对建筑起重机械采取相应的安全防护措施；

2）制定建筑起重机械生产安全事故应急救援预案；

3）在建筑起重机械活动范围内设置明显的安全警示标志，对集中作业区做好安全防护；

4）设置相应的设备管理机构或者配备专职的设备管理人员；

5）指定专职设备管理人员、专职安全生产管理人员进行现场监督检查；

6）建筑起重机械出现故障或者发生异常情况的，立即停止使用，消除故障和事故隐患后，方可重新投入使用。

（2）使用单位应当对在用的建筑起重机械及其安全保护装置、吊具、索具等进行经常性和定期性的检查、维护和保养，并做好记录。

（3）禁止擅自在建筑起重机械上安装非原制造厂制造的标准节和附着装置。

（4）建筑起重机械特种作业人员应当遵守建筑起重机械安全操作规程和安全管理制度，在作业中有权拒绝违章指挥和强令冒险作业，有权在发生危及人身安全的紧急情况时立即停止作业或者采取必要的应急措施后撤离危险区域。

（5）建筑起重机械安装拆卸工、起重信号工、起重司机、司索工等特种作业人员应当经建设主管部门考核合格，并取得特种作业操作资格证书后，方可上岗作业。

省、自治区、直辖市人民政府建设主管部门负责组织实施建筑施工企业特种作业人员的考核。

2. 《危险性较大的分部分项工程安全管理办法》

该办法对危险性较大的分部分项工程，即房屋建筑和市政基础设施工程在施工过程中，容易导致人员群死群伤或者造成重大经济损失的分部分项工程的前期保障、专项施工方案、现场安全管理及监督管理明确了具体要求。

（1）施工单位应当在施工现场显著位置公告危大工程名称、施工时间和具体责任人员，并在危险区域设置安全警示标志。

（2）专项施工方案实施前，编制人员或者项目技术负责人应当向施工现场管理人员进行方案交底。

施工现场管理人员应当向作业人员进行安全技术交底，并由双方和项目专职安全生产管理人员共同签字确认。

（3）施工单位应当对危大工程施工作业人员进行登记，项目负责人应当在施工现场履职。

项目专职安全生产管理人员应当对专项施工方案实施情况进行现场监督，对未按照专项施工方案施工的，应当要求立即整改，并及时报告项目负责人，项目负责人应当及时组织限期整改。

施工单位应当按照规定对危大工程进行施工监测和安全巡视，发现危及人身安全的紧急情况，应当立即组织作业人员撤离危险区域。

（4）危大工程发生险情或者事故时，施工单位应当立即采取应急处置措施，并报告工程所在地住房和城乡建设主管部门。建设、勘察、设计、监理等单位应当配合施工单位开展应急抢险工作。

第四章 建筑施工安全防护基本知识

第一节 个人安全防护用品的使用

1. 安全帽

安全帽是对人的头部受坠落物及其他特定因素引起的伤害起防护作用的防护用品。由帽壳、帽衬、下颌带和帽箍等组成。

施工现场工人必须佩戴安全帽。

（1）安全帽的作用

主要是为了保护头部不受到伤害，并在出现以下几种情况时保护人的头部不受伤害或降低头部受伤害的程度：

1）飞来或坠落下来的物体击向头部时；

2）当作业人员从 2m 及以上的高处坠落下来时；

3）当头部有可能触电时；

4）在低矮的部位行走或作业，头部有可能碰到尖锐、坚硬的物体时。

（2）安全帽佩戴注意事项

安全帽的佩戴要符合标准，使用应符合规定。佩戴时要注意下列事项：

1）戴安全帽前应将调整带按自己头型调整到适合的位置，然后将帽内弹性带系牢。缓冲衬垫的松紧由带子调节，人的头顶和帽体内顶部的空间垂直距离一般在 25～50mm，这样才能保证当遭受到冲击时，帽体有足够的空间可供缓冲，平时也有利于头和帽体间的通风。

2）不要把安全帽歪戴，也不要把帽檐戴在脑后方，否则，会降低安全帽对于冲击的防护作用。

3）为充分发挥保护力，安全帽佩戴时必须按头围的大小调整帽箍并系紧下颌带。

4）安全帽体顶部除了在帽体内部安装了帽衬外，有的还开了小孔通风。但在使用时不要为了透气而随便再行开孔，因为这样会降低帽体的强度。

5）安全帽要定期检查。检查有没有龟裂、下凹、裂痕和磨损等情况，发现异常现象要立即更换，不准再继续使用。任何受过重击、有裂痕的安全帽，不论有无损坏现象，均应报废。

6）在现场室内作业也要戴安全帽，特别是在室内带电作业时，更要认真戴好安全帽，因为安全帽不但可以防碰撞，而且还能起到绝缘作用。

7）平时使用安全帽时应保持整洁，不能接触火源，不要任意涂刷油漆，不准当凳子坐。如果丢失或损坏，必须立即补发或更换，无安全帽一律不准进入施工现场。

2. 安全带

安全带是用于防止高处作业人员发生坠落或发生坠落后将作业人员安全悬挂的个体防护装备，主要由安全绳、缓冲器、主带、辅带等部件组成。

为了防止作业者在某个高度和位置上可能出现的坠落，作业者在登高和高处作业时，必须系挂好安全带。安全带的使用和维护有以下几点要求：

（1）高处作业施工前，应对作业人员进行安全技术教育及交底，并应配备相应的防护用品。作业人员应从思想上重视安全带的作用，作业前必须按规定要求系好安全带。

（2）安全带在使用前要检查各部位是否完好无损，所有零部件应顺滑，无材料或制造缺陷，无尖角或锋利边缘。

（3）挂点强度应满足安全带的负荷要求，挂点不是安全带的组成部分，但同安全带的使用密切相关。高处作业如无固定挂点，应采用适当强度的钢丝绳或采取其他方法悬挂。禁止挂在移动或带尖锐棱角或不牢固的物件上。

（4）高挂低用。将安全带挂在高处，人在下面工作就叫高挂低用。它可以使坠落发生时的实际冲击距离减小。与之相反的是低挂高用。因为当坠落发生时，实际冲击的距离会加大，人和绳都要受到较大的冲击负荷。所以安全带必须高挂低用，严禁低挂高用。

（5）安全带保护套要保持完好，以防绳被磨损。若发现保护套损坏或脱落，必须加上新套后再使用。

（6）安全带严禁擅自接长使用。当使用 3m 及以上的长绳时必须要加缓冲器，各部件不得任意拆除。

（7）安全带在使用后，要注意维护和保管。要经常检查安全带缝制部分和挂钩部分，必须详细检查捻线是否发生裂断和残损等。

（8）安全带不使用时要妥善保管，不可接触高温、明火、强酸、强碱或尖锐物体，不要存放在潮湿的仓库中保管。

（9）安全带在使用两年后应抽验一次，频繁使用应经常进行外观检查，发现异常必须立即更换。定期或抽样试验用过的安全带，不准再继续使用。

3. 防护服

建筑施工现场作业人员应穿着工作服。焊工的工作服一般为白色，其他工种的工作服没有颜色的限制。

（1）防护服的分类

建筑施工现场的防护服主要有以下几类：

1）全身防护型工作服；

2）防毒工作服；

3）耐酸工作服；

4）耐火工作服；

5）隔热工作服；

6）通气冷却工作服；

7）通水冷却工作服；

8）防射线工作服；

9）劳动防护雨衣；

10）普通工作服。

（2）防护服的穿着

施工现场对作业人员防护服的穿着要求主要有：

1）作业人员作业时必须穿着工作服；

2）操作转动机械时，袖口必须扎紧；

3）从事特殊作业的人员必须穿着特殊作业防护服；

4）焊工工作服应是白色帆布制作。

4. 防护鞋

防护鞋的种类比较多，应根据作业场所和内容的不同选择使用。电力建设施工现场上常用的有绝缘鞋（靴）、焊接防护鞋、耐酸碱橡胶靴及皮安全鞋等。

对绝缘鞋（靴）的要求有：

（1）必须在规定的电压范围内使用；

（2）绝缘鞋（靴）胶料部分无破损，且每半年做一次预防性试验；

（3）在浸水、油、酸、碱等条件上不得作为辅助安全用具使用。

5. 防护手套

使用防护手套时，必须对工件、设备及作业情况进行分析之后，选择适当材料制作操作方便的手套，方能起到保护作用。施工现场上常用的防护手套有下列几种：

（1）劳动保护手套。具有保护手和手臂的功能，作业人员工作时一般都使用这类手套。

（2）带电作业用绝缘手套。要根据电压选择适当的手套，检查表面有无裂痕、发黏、发脆等缺陷，如有异常禁止使用。

（3）耐酸、耐碱手套。主要用于接触酸和碱时戴的手套。

（4）橡胶耐油手套。主要用于接触矿物油、植物油及脂肪簇的各种溶剂作业时戴的手套。

（5）焊工手套。电、火焊工作业时戴的防护手套，应检查皮革或帆布表面有无僵硬、薄挡、洞眼等残缺现象，如有缺陷，不准使用。手套要有足够的长度，手腕部不能裸露在外边。

第二节　安全色与安全标志

安全色和安全标志是国家规定的两个传递安全信息的标准。尽管安全色和安全标志是一种消极的、被动的、防御性的安全警告装置，并不能消除、控制危险，不能取代其他防范安全生产事故的各种措施，但它们形象而醒目地向人们提供了禁止、警告、指令、提示等安全信息，对于预防安全生产事故的发生具有重要作用。

1. 安全色的概念

安全色，就是传递安全信息含义的颜色，包括红、蓝、黄、绿四种颜色。对比色，是使安全色更加醒目的反衬色，包括黑、白两种颜色。对比色要与安全色同时使用。

安全色适用于工业企业、交通运输、建筑、消防、仓库、医院及剧场等公共场所使用的信号和标志的表面色，不适用于灯光信号、航海、内河航运以及其他目的而使用的颜色。

2. 安全色的含义

安全色的红、蓝、黄、绿四种颜色，分别代表不同的含义。

（1）红色。表示禁止、停止、危险以及消防设备的意思。凡是禁止、停止、消防和有危险的器件或环境均应涂以红色的标记作为警示的信号。

（2）蓝色。表示指令，要求人们必须遵守的规定。

（3）黄色。表示提醒人们注意。凡是警告人们注意的器件、设备及环境都应以黄色表示。

（4）绿色。表示给人们提供允许、安全的信息。

（5）对比色与安全色同时使用。

（6）安全色与对比色的相间条纹：

红色与白色相间条纹——表示禁止人们进入危险环境。

黄色与黑色相间条纹——表示提示人们特别注意的意思。

蓝色和白色相间条纹——表示必须遵守规定的意思。

绿色和白色相间条纹——与提示标志牌同时使用，更为醒目地提示人们。

3. 安全色的使用

安全色的使用范围很广，可以使用在安全标志上，也可以直接使用在机械设备上；可以在室内使用，也可以在户外使用。如红色的，各种禁止标志；黄色的，各种警告标志；蓝色的，各种指令标志；绿色的，各种提示标志等。

安全色有规定的颜色范围，超出范围就不符合安全色的要求。颜色范围所规定的安全色是最不容易互相混淆的颜色。对比色是为了使安全色更加醒目而采用的反衬色，它的作用是提高物体颜色的对比度。

4. 安全标志的概念

安全标志是用以表达特定安全信息的标志，由图形符号、安全色、几何图形（边框）或文字构成。

安全标志适用于工矿企业、建筑工地、厂内运输和其他有必要提醒人们注意安全的场所。使用安全标志，能够引起人们对不安全因素的注意，从而达到预防事故、保证安全的目的。但是，安全标志的使用只是起到提示、提醒的作用，它不能代替安全操作规程，也不能代替其他的安全防护措施。

5. 安全标志的种类

安全标志分禁止标志、警告标志、指令标志和提示标志四大类型。

（1）禁止标志。禁止标志的含义是禁止人们不安全行为的图形标志。其基本形式是带斜杠的圆边框，采用红色作为安全色。

（2）警告标志。警告标志的基本含义是提醒人们对周围环境引起注意，以避免可能发生危险的图形标志。其基本形式是正三角形边框，采用黄色作为安全色。

（3）指令标志。指令标志的含义是强制人们必须做出某种动作或采用防范措施的图形标志。其基本形式是圆形边框，采用蓝色作为安全色。

（4）提示标志。提示标志的含义是向人们提供某种信息（如标明安全设施或场所等）的图形标志。其基本形式是正方形边框，采用绿色作为安全色。

第三节 高处作业安全知识

1. 高处作业的基本概念

凡在坠落高度基准面 2m 及以上，有可能坠落的高处进行的作业，均称为高处作业。

2. 建筑施工高处作业常见形式及安全措施

（1）临边作业

临边作业是指在工作面边沿无围护或围护设施高度低于 800mm 的高处作业，包括楼板边、楼梯段边、屋面边、阳台边及各类坑、沟、槽等边沿的高处作业。

1）进行临边作业时，应在临空一侧设置防护栏杆，并应采用密目式安全立网或工具式栏板封闭。

2）分层施工的楼梯口、楼梯平台和梯段边，应安装防护栏杆；外设楼梯口、楼梯平台和梯段边还应采用密目式安全立网封闭。

3）建筑物外围边沿处，应采用密目式安全立网进行全封闭，有外脚手架的工程，密目式安全立网应设置在脚手架外侧立杆上，并与脚手杆紧密连接；没有外脚手架的工程，应采用密目式安全立网将临边全封闭。

4）施工升降机、龙门架和井架物料提升机等各类垂直运输设备设施与建筑物间设置的通道平台两侧边，应设置防护栏杆、挡脚板，并应采用密目式安全立网或工具式栏板封闭。

5）各类垂直运输接料平台口应设置高度不低于 1.80m 的楼层防护门，并应设置防外开装置；多笼井架物料提升机通道中间，应分别设置隔离设施。

（2）洞口作业

洞口作业是指在地面、楼面、屋面和墙面等有可能使人和物料坠落，其坠落高度大于或等于2m的洞口处的高处作业。

在洞口作业时，应采取防坠落措施，并应符合下列规定：

1）当垂直洞口短边边长小于500mm时，应采取封堵措施；当垂直洞口短边边长大于或等于500mm时，应在临空一侧设置高度不小于1.2m的防护栏杆，并应采用密目式安全立网或工具式栏板封闭，设置挡脚板。

2）当非垂直洞口短边尺寸为25～500mm时，应采用承载力满足使用要求的盖板覆盖，盖板四周搁置应均衡，且应防止盖板移位。

3）当非垂直洞口短边边长为500～1500mm时，应采用专项设计盖板覆盖，并应采取固定措施。

4）当非垂直洞口短边长大于或等于1500mm时，应在洞口作业侧设置高度不小于1.2m的防护栏杆，并应采用密目式安全立网或工具式栏板封闭；洞口应采用安全平网封闭。

5）电梯井口应设置防护门，其高度不应小于1.5m，防护门底端距地面高度不应大于50mm，并应设置挡脚板。

6）在进入电梯安装施工工序之前，井道内应每隔10m且不大于2层加设一道水平安全网。电梯井内的施工层上部，应设置隔离防护设施。

7）施工现场通道附近的洞口、坑、沟、槽、高处临边等危险作业处，除应悬挂安全警示标志外，夜间应设灯光警示。

8）边长不大于500mm洞口所加盖板，应能承受不小于1.1kN/m² 的荷载。

9）墙面等处落地的竖向洞口、窗台高度低于800mm的竖向洞口及框架结构在浇筑完混凝土没有砌筑墙体时的洞口，应按临边防护要求设置防护栏杆。

（3）攀登作业

攀登作业是指借助登高用具或登高设施进行的高处作业。攀登作业应注意以下事项：

1）攀登的用具，结构构造上必须牢固可靠。

2）梯子底部应坚实，并有防滑措施，不得垫高使用，梯子的上端应有固定措施。

3）单梯不得垫高使用，使用时应与水平面成 75°夹角，踏步不得缺失，其间距宜为 300mm。当梯子需接长使用时，应有可靠的连接措施，接头不得超过 1 处。连接后梯梁的强度，不应低于单梯梯梁的强度。

4）固定式直爬梯应用金属材料制成。使用直爬梯进行攀登作业时，攀登高度以 5m 为宜，超过 8m 时，应设置梯间平台。

5）上下梯子时，必须面向梯子，且不得手持器物。

（4）交叉作业

交叉作业是指垂直空间贯通状态下，可能造成人员或物体坠落，并处于坠落半径范围内、上下左右不同层面的立体作业。交叉作业时应注意以下事项：

1）各工种进行上下立体交叉作业时，不得在同一垂直方向上操作。下层作业的位置，必须处于依上层高度确定的可能坠落的半径范围之外，不符合以上条件时，应设安全防护棚。

2）钢模板、脚手架拆除时，下方不得有人施工。

3）模板拆除后，临边堆放处离楼层边沿不应小于 1m，堆放高度不得超过 1m，楼层边口、通道口、脚手架边缘等处，严禁堆放任何物件。

4）结构施工自 2 层起，凡人员进出的通道口（包括井架、施工电梯的进出通道口），均应搭设双层防护棚。

5）在建建筑物旁或在塔机吊臂回转半径范围之内的主要通道、临时设施、钢筋、木工作业区等必须搭设双层防护棚。

第五章　施工现场消防基本知识

第一节　施工现场消防知识概述及常用消防器材

1. 施工现场消防知识概述

我国消防工作实行预防为主、消防结合的方针。按照政府统一领导、部门依法监管、单位全面负责、公民积极参与的原则，实行消防安全责任制，建立健全社会化的消防工作网络。

建设工程施工现场的防火，必须遵循国家有关方针、政策，针对不同施工现场的火灾特点，立足自防自救，采取可靠防火措施，做到安全可靠、经济合理、方便适用。

燃烧的发生必须具备三个条件，即：可燃物、助燃物和着火源。因此，制止火灾发生的基本措施包括：

（1）控制可燃物，以难燃或不燃的材料代替易燃或可燃的材料。

（2）隔绝空气，使用易燃物质的生产应在密闭的设备中进行。

（3）消除着火源。

（4）阻止火势蔓延，在建筑物之间筑防火墙，设防火间距，防止火灾扩大。

2. 建筑施工现场消防器材的配置和使用

（1）在建工程及临时用房的下列场所应配置灭火器：

1）易燃易爆危险品存放及使用场所；

2）动火作业场所；

3）可燃材料存放、加工及使用场所；

4）厨房操作间、锅炉房、发电机房、变配电房、设备用房、办公用房、宿舍等临时用房；

5）其他具有火灾危险的场所。

（2）建筑施工现场常用灭火器及使用方法

1）泡沫灭火器。药剂：筒内装有碳酸氢钠、发沫剂、硫酸铝溶液。用途：适用于扑救油脂类、石油产品及一般固体初起的火灾；不适用于扑救忌水化学品和电气火灾。使用方法：手指堵住喷嘴，将筒体上下颠倒 2 次，打开开关，药剂即喷出。

2）干粉灭火器。药剂：钢筒内装有钾盐或钠盐粉，并备有盛装压缩气体的小钢瓶。用途：适用于扑救石油及其产品、可燃气体和电气设备初起的火灾。使用方法：提起筒，拔掉保险销环，干粉即可喷出。

3）二氧化碳灭火器。药剂：瓶内装有压缩或液态的二氧化碳。用途：主要适用于扑救贵重设备、档案资料、仪器仪表、600V 以下的电器及油脂等火灾；禁止使用二氧化碳灭火器灭火的物品有：遇有燃烧物品中的锂、钠、钾、铯、锶、镁、铝粉等。使用方法：拔掉安全销，一手拿好喇叭筒对着火源，另一手压紧压把打开开关即可。

4）酸碱灭火器。用途：主要适用于扑救竹、木、棉、毛、草、纸等一般初起火灾，但对忌水的化学物品、电气、油类不宜用。

（3）消火栓、消防水带、消防水枪

消火栓按安装区域分为室内、室外消火栓两种；按安装位置分为地上式与地下式消火栓两种；按消防介质分为有水和泡沫消火栓两种。消火栓应在任意时刻均处于工作状态。

1）消防水带应配相对口径的水带接口方能使用。水带接口装置于水带两端，用于水带与水带、消火栓或水枪之间的连接，以便进行输水或水和泡沫混合液，其接口为内扣式。

2）消防水枪是装在水带接口上，起射水作用的专用部件。各种水枪的接口形式均为内扣式。

3）消火栓的开关位置在其顶部，必须用专用扳手操作，其顶盖上有开关标志符。

使用时应先安好消防水带，之后打开消火栓上封盖把水带固定好，然后再打开消火栓。在使用消火栓灭火时，必须两人以上操作，当水带充满水后，一人拿枪，一人配合移动消防水带。

第二节　施工现场消防管理制度及相关规定

施工现场的消防安全由施工单位负责。实行施工总承包的，应由总承包单位负责。分包单位向总承包单位负责，并应服从总承包单位的管理，同时应承担国家法律、法规规定的消防责任和义务。施工现场建立消防管理制度，落实消防责任制和责任人员，建立义务消防队，定期对有关人员进行消防教育，落实消防措施。

1. 施工现场消防管理制度

（1）施工单位应编制施工现场灭火及应急疏散预案。灭火及应急疏散预案应包括下列主要内容：

1）应急灭火处置机构及各级人员应急处置职责；

2）报警、接警处置的程序和通信联络的方式；

3）扑救初起火灾的程序和措施；

4）应急疏散及救援的程序和措施。

（2）施工人员进场时，施工现场的消防安全管理人员应向施工人员进行消防安全教育和培训。消防安全教育和培训应包括下列内容：

1）施工现场消防安全管理制度、防火技术方案、灭火及应急疏散预案的主要内容；

2）施工现场临时消防设施的性能及使用、维护方法；

3）扑灭初起火灾及自救逃生的知识和技能；

4）报警、接警的程序和方法。

（3）施工作业前，施工现场的施工管理人员应向作业人员进行消防安全技术交底。消防安全技术交底应包括下列主要内容：

1）施工过程中可能发生火灾的部位或环节；

2）施工过程应采取的防火措施及应配备的临时消防设施；

3）初起火灾的扑救方法及注意事项；

4）逃生方法及路线。

（4）施工过程中，施工现场的消防安全负责人应定期组织消防安全管理人员对施工现场的消防安全进行检查。消防安全检查应包括下列主要内容：

1）可燃物及易燃易爆危险品的管理是否落实；

2）动火作业的防火措施是否落实；

3）用火、用电、用气是否存在违章操作，电、气焊及保温防水施工是否执行操作规程；

4）临时消防设施是否完好有效；

5）临时消防车道及临时疏散设施是否畅通。

2. 施工现场消防管理规定

（1）施工现场动火作业

1）动火作业应办理动火许可证，动火许可证的签发人收到动火申请后，应前往现场查验并确认动火作业的防火措施落实后，再签发动火许可证；

2）动火操作人员应具有相应资格；

3）焊接、切割、烘烤或加热等动火作业前，应对作业现场的可燃物进行清理；作业现场及其附近无法移走的可燃物应采用不燃材料覆盖或隔离；

4）施工作业安排时，宜将动火作业安排在使用可燃建筑材料施工作业之前进行，确需在可燃建筑材料施工作业之后进行动火作业的，应采取可靠的防火保护措施；

5）裸露的可燃材料上严禁直接进行动火作业；

6）焊接、切割、烘烤或加热等动火作业应配备灭火器材，并应设置动火监护人进行现场监护，每个动火作业点均应设置1个监护人；

7）遇五级（含五级）以上风力时，应停止焊接、切割等室外动火作业，确需动火作业时，应采取可靠的挡风措施；

8）动火作业后，应对现场进行检查，并应在确认无火灾危险后，动火操作人员再离开。

（2）施工现场用电

1）电气线路应具有相应的绝缘强度和机械强度，禁止使用绝缘老化或失去绝缘性能的电气线路，严禁在电气线路上悬挂物品。破损、烧焦的插座、插头应及时更换；

2）电气设备与可燃、易燃易爆和腐蚀性物品应保持一定的安全距离；

3）距配电盘2m范围内不得堆放可燃物，5m范围内不应设置可能产生较多易燃、易爆气体、粉尘的作业区；

4）可燃库房不应使用高热灯具，易燃易爆危险品库房内应使用防爆灯具；

5）电气设备不应超负荷运行或带故障使用。

（3）施工现场用气

1）储装气体罐瓶及其附件应合格、完好和有效；严禁使用减压器及其他附件缺损的氧气瓶，严禁使用乙炔专用减压器、回火防止器及其他附件缺损的乙炔瓶；

2）气瓶应保持直立状态，并采取防倾倒措施，乙炔瓶严禁横躺卧放；

3）严禁碰撞、敲打、抛掷、溜坡或滚动气瓶；

4）气瓶应远离火源，与火源的距离不应小于10m，并应采取避免高温和防止暴晒的措施；

5）气瓶应分类储存，库房内应通风良好；空瓶和实瓶同库存放时，应分开放置，两者间距不应小于1.5m；

6）瓶装气体使用前，应检查气瓶及气瓶附件的完好性，检查连接气路的气密性，并采取避免气体泄漏的措施，严禁使用已老化的橡皮气管；

7）氧气瓶与乙炔瓶的工作间距不应小于5m，气瓶与明火作业点的距离不应小于 10m；

　　8）冬季使用气瓶，气瓶的瓶阀、减压阀等发生冻结时，严禁用火烘烤或用铁器敲击瓶阀，严禁猛拧减压器的调节螺栓；

　　9）氧气瓶内剩余气体的压力不应小于 0.1MPa，气瓶用后应及时归库。

第六章　施工现场应急救援基本知识

第一节　生产安全事故应急
救援预案管理相关知识

1. 生产安全事故应急救援预案的概念

生产安全事故应急救援预案是为了有效预防和控制可能发生的事故，最大限度减少事故及其损害而预先制定的工作方案。它是事先采取的防范措施，将可能发生的等级事故损失和不利影响减少到最低的有效方法。

2. 建筑施工企业生产安全事故应急救援预案的管理

施工单位的应急救援预案应经专家评审或者论证后，由企业主要负责人签署发布。施工项目部的安全事故应急救援预案在编制完成后报施工企业审批。

建筑工程施工期间，施工单位应当将生产安全事故应急救援预案在施工现场显著位置公示，并组织开展本单位的应急救援预案培训交底活动，使有关人员了解应急救援预案的内容，熟悉应急救援职责、应急救援程序和岗位应急救援处置方案。

建筑施工单位应当制定本单位的应急预案演练计划，根据本单位的事故预防重点，每年至少组织一次综合应急预案演练或者专项应急预案演练，每半年至少组织一次现场处置方案演练。

第二节　现场急救基本知识

1. 施工现场应急救护要点

（1）对骨伤人员的救护

1）不能随意搬动伤者，以免不正确的搬动（或移动）给伤者带来二次伤害。例如凡是胸、腰椎骨折者，头、颈部外伤者，不能任意搬动，尤其不能屈曲。

2）在需要搬动时，用硬板固定受伤部位后方可搬动。

3）用担架搬运时，要使伤员头部向后，以便后面抬担架的人可以随时观察其伤情变化。

（2）对眼睛伤害人员的救护

1）眼有异物时，千万不要自行用力眨眼睛，应通过药水、泪水、清水冲洗，仍不能把异物冲掉时，才能扒开眼睑，仔细小心清除眼里异物，如仍无法清除异物或伤势较重时，应立即到医院治疗。

2）当化学物质（如砌筑用的石灰膏）进入眼内，应立即用大量的清水冲洗。冲洗时要扒开眼睑，使水能直接冲洗眼睛，要反复冲洗，时间至少 15min 以上。在无人协助的情况下，可用一盆水，双眼浸入水中，用手扒开眼睑，做睁眼、闭眼、转动并立即到医院做必要的检查和治疗。

（3）心肺复苏术

心肺复苏术，是在建筑工地现场对呼吸心搏骤停病人给予呼吸和循环支持所采取的急救，急救措施如下：

1）畅通气道：托起患者的下颌，使病人的头向后仰，如口中有异物，应先将异物排出。

2）口对口人工呼吸：捏闭病人的鼻孔，深吸气后先连续快速向病人口内吹气 4 次，吹气频率约每分钟 2～16 次。如遇特殊情况（牙关紧闭或外伤），可采用口对鼻人工呼吸。

3）胸外心脏按压：双手放在病人胸骨的下 1/3 段（剑突上

两根指），有节奏地垂直向下按压胸骨干段，成人按压的深度以胸骨下陷4～5cm为宜。一般按压15次，吹气2次。

4）胸外心脏按压和口对口吹气需要交替进行。最好有两个人同时参加急救，其中一个人作口对口吹气。

（4）外伤常用止血方法

1）一般止血法：凡出血较少的伤口，可在清洗伤口后盖上一块消毒纱布，并用绷带或胶布固定即可。

2）指压止血法：可用干净的布（没有布可以用手）直接按压伤口，直到不出血为止。

3）加压包扎止血法：用纱布、棉花等垫放在伤口上，用较大的力进行包扎，并尽量抬高受伤部位。加压时力量也不可过大或扎得过紧，如以免引起受伤部位局部缺血造成坏死。

2. 建筑施工现场主要事故类型及救援常识

（1）触电事故及救援常识

1）发现有人触电时，不要直接用手去拖拉触电者，应首先迅速拉电闸断电，现场无电电闸时，使用木方等不导电的材料或用干衣服包严双手，将触电者拖离电源。

2）根据触电者的状况进行现场人工急救（如心肺复苏），并迅速向工地负责人报告或报警。

（2）火灾事故及救援常识

1）最早发现者应立即大声呼救，并根据情况立即采取正确方法灭火。当判断火势无法控制时，要迅速报警并向有关人员报告。

2）根据火灾的影响范围，迅速把无关人员疏散到指定的消防安全区。作业区发生火灾时，可采用建筑物内楼梯、外脚手架上下梯、离火灾现场较远的外施工电梯等疏散人员。不得使用离火灾现场较近的外施工电梯，严禁使用室内电梯疏散人员。

3）当火势无法控制时，要及时采取隔离火源措施，及时搬出附近的易燃易爆物以及贵重物品，防止火势蔓延到有易燃易爆物品或存放贵重物品的地点。当有可能发生气瓶爆炸或火势已无法控制且危及人员生命安全时，迅速将救火人员撤离到安全地方，等待专职消防队救援或采取其他必要措施。

4）火灾逃生自救知识原则

如果发现火势无法控制，应保持镇静，判断危险地点和安全地点，决定逃生方法和路线，尽快撤离危险地。

通过浓烟区逃生时，如无防毒面具等护具，可用湿毛巾等捂住口鼻，并尽可能贴近地面，以匍匐姿势快速前进，如有条件可向头部、身上浇冷水或用湿毛巾、湿棉被、湿毯子等将头、身裹好再冲出去。

（3）易燃易爆气体泄漏事故应急常识

1）最早发现者应立即大声呼救，并向有关人员报告或报警。根据情况立即采取正确方法施救，如尝试采取关闭阀门、堵漏洞等措施截断、控制泄漏，若无法控制，应迅速撤离。

2）在气体泄漏区内严禁使用手机、电话或启动电气设备，并禁止一切产生明火或火花的行为。

3）疏散无关人员，迅速远离危险区域，治安保卫人员要迅速建立禁区，严禁无关人员进入。同时停止附近的作业。

4）在未有安全保障措施的情况下，不要盲目行动，应等待公安消防队或其他专业救援队伍处理。

（4）发现坍塌预兆或坍塌事故应急常识

1）发现坍塌预兆时，发现者应立即大声呼唤，停止作业，迅速疏散人员撤离现场，并向项目部报告。待险情排除，并得到有关人员同意后，方可重新进入现场作业。

2）当事故发生后，发现者应立即大声呼救，同时向有关人员报告或报警。项目部根据情况立即采取措施组织抢救，同时向上级部门报告。

3）迅速判断事故发展状态和现场情况，采取正确应急控制措施，判断清楚被掩埋人员位置，立即组织人员全力挖掘抢救。

4）在救护过程中要防止二次坍塌伤人，必要时先对危险的地方采取一定的加固措施。

5）按照有关救护知识，立即救护抢救出来的伤员，在等待医生救治或送往医院抢救过程中，不要停止和放弃施救。

（5）有毒气体中毒事故应急常识

1）最早发现者应立即大声呼救，向有关人员报告或报警，如原因明确应立即采取正确方法施救，但决不可盲目救助。

2）迅速查明事故原因和判断事故发展状态，采取正确方法施救。

如中毒事故必须先通风或戴好防毒面具方可救人；如缺氧，则要戴好有供氧的防毒面具才可救人。

3）救出伤员后按照有关救护知识，立即救护伤员，在等待医生救治或送往医院抢救过程中，不要停止和放弃施救，如采用人工呼吸，或输氧急救等。

4）现场不具备抢救条件时，立即向社会求救。

（6）高处坠落伤害急救常识

1）坠落在地的伤员，应初步检查伤情，不得随意搬动。

2）立即呼叫"120"急救医生前来救治。

3）采取初步急救措施：止血、包扎、固定。

4）注意固定颈部、胸腰部脊椎，搬运时保持动作一致平稳，避免伤员脊柱弯曲扭动加重伤情。

3. 施工现场报警注意事项

（1）按工地写出的报警电话，进行报警。

（2）报告事故类型。说明伤情（病情、火情、案情）等，以便救护人员事先做好急救的准备。如火灾报警时要尽量说明燃烧或爆炸物质、燃烧程度、人员伤亡、发生火灾楼层等情况。

（3）说明单位（或事故地）的电话或手机号码，以便救护车（消防车、警车）随时用电话通信联系。

（4）可用几部电话或手机，由数人同时向有关救援单位报警求救，以便各个救援单位都能以最快的速度到达事故现场。

第二部分 专业基础知识

第七章 基础理论知识

第一节 力学基本知识

1. 力的基本概念

力是物体（物质）与物体（物质）之间相互的作用。力不能脱离实际物体而单独存在。力至少包括两个物体，一个物体是受力物体，另一个物体就是施力物体。由于力是相互的，所以受力物体同时也是施加力的物体，同样施加力的物体同时也是受力物体。

（1）常见的力

常见的力有：重力（引力）、弹力、摩擦力、浮力等。

1）物体所受重力 G 的大小与重力加速度 g 和物体的质量 M 成正比，用关系式 $G=Mg$ 表示。

重力是工程中最常见最广泛存在的力，是建筑起重机械中应用最多的力之一，准确地理解物体的重力，掌握重力的知识，可以指导学员正确地操作使用物料提升机。

2）弹力在物料提升机中的应用，主要是在物料提升机底部安装的缓冲弹簧、各种限位开关和部分安全装置等。正确地应用弹力，能够减轻物体因遭受硬冲击而造成损坏，能够使运动的物体在规定的位置因弹力的释放或被约束而停止，并不需要人工的干预，极大地方便了操作使用人员的工作。

3）摩擦力分为静摩擦力、滚动摩擦力、滑动摩擦力三种。

① 滑动摩擦力：如物料提升机吊笼门门轴的转动、物料提升机层门门轴的转动等均为滑动摩擦。滑动摩擦力在有的地方应用时，需要加大，如汽车或物料车停止在斜坡上时就需要比较大的滑动摩擦力；滑动摩擦力在有的地方应用时，需要尽量地小，如上述的物料提升机吊笼门的门轴等。总之滑动摩擦需要合理地运用，才能在各处显示其恰到好处，方便施工生产。

② 滚动摩擦力：在交通运输以及机械制造工业上广泛应用滚动轴承，就是为了减少摩擦力。在物料提升机中应用最广泛的是滚动摩擦。例如，物料提升机的电动机转子轴两端，均安装了滚动轴承，目的就是减少转子轴与轴承座间的摩擦力，从而提高机械效率。再如：物料提升机的钢丝绳与滑轮，为了减少其滚动摩擦力，日常保养要求对钢丝绳和滑轮进行润滑等。

③ 静摩擦力：静摩擦力在物料提升机上的应用较少。在实际工作中，如汽车或物料车停止在斜坡上时，如果停止住，此时汽车或物料车的轮胎和斜坡间的摩擦力为静摩擦力，此摩擦力阻止了汽车向下的溜坡。如果汽车重力沿斜坡方向的分力大于此时的静摩擦力，则汽车会发生溜坡的现象。作为物料提升机的操作人员，正确判断实际工作中遇到的摩擦力，并灵活应用，有利于建筑施工的安全生产。

（2）力的三要素

所有的力都有作用的方向、作用的大小和作用的点，构成了力的三个要素。改变三要素中任何一个时，力对物体的作用效果也随之改变。如图 7-1 所示。

（3）力的书面表示方法

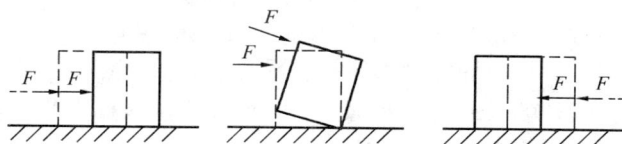

图 7-1　力的作用图

把力以书面形式表示出来，首先要认识力的性质。从前面的讲述中可知，力是有大小、方向和作用点的，所以就以线段的长短代表力的大小，作用力的方向在线段上以箭头来表示，力的作用点以该带前头线段的起始点为力的作用点，这种带大小、方向和起始点的线段，在力学中称为矢量。因而，力的三要素可以用矢量图（带箭头的线段）表示，书写时则在表示力的字母 F 上加一横箭头"$\vec{F}$"表示矢量。如图 7-2 所示。

100N

$F=300N$

A   B

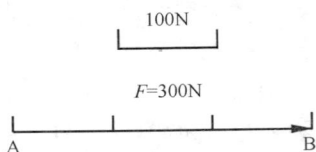

图 7-2 力的矢量图

（4）力的平衡

力的平衡是指惯性参照系内，物体受到几个力的作用，仍保持静止状态，或匀速直线运动状态，或绕轴匀速转动的状态，叫作物体处于平衡状态，简称物体的"平衡"。

2. 物体的重心

（1）重心点（重心位置）概念

单个物体，无论其形状怎样、是均质还是非均质，它总有一个恒定的重力。当要搬起或吊起这些物体时，总要找个合适的点或位置，方能方便地把它搬起或吊起。

质地均匀、形状规则的物体，从其各方对称的几何中心点就能稳稳地吊起，物体不会发生倾斜或不方便吊起，这个点在物理学就称之为重心或重心点，重心点所在的地方即为重心位置。

对于非匀质物体、非对称物体和组合的物体，其重心可以通过计算求得。

如果物体的体积和形状都不变，则无论物体对地面处于什么方向，其所受重力总是通过固定在物体上的坐标系的一个确定点，即重心。每个固定的物体都有重心点，重心点不一定在物体上，例如圆环的重心就不在圆环上，而在它的对称中心上。

（2）重心位置作用和应用

重心位置在建筑工程起重作业中有非常重要的意义，对物体的起重吊装作业的安全有着决定性的影响，例如，建筑起重机要吊装物体，其重心位置应满足一定条件，即物体的重心位置必须在吊点范围内，才能正常进行吊装作业。日常工作中正确判断物体的重心位置，非常关键。

3. 物体的吊点

（1）物体吊点的概念

在建筑工程起重吊装作业中，吊具与被吊物之间连接的部位，被称为吊点。连接吊点与吊钩的钢丝绳、卸扣和轧头、扁担梁等，被称为吊具。在工程设备的吊装中，一般工程设备都预先设置了吊点。如大型的钢结构件，经过图纸深化和计算，在设计时就将吊点设计在图上，工厂在制作钢结构件时，就将吊点制作在构件上，吊装就位固定等完成后，再将吊点处的吊耳切割处理。

但在建筑工程的施工吊装作业中，比如吊运钢管、钢筋、扣件和模板木方料时，都不会预先设置吊点，需要起重作业人员现场选择吊点。选择吊点需要运用力学的知识和材料的知识，正确选择吊点，是施工作业中的一项重要的技能。

（2）物体吊点的重要性

在建筑施工现场吊运物体时，经常看到的是：两根钢丝绳在一个物体的两个点设置吊点，来进行物体的吊运，这种吊点的方式叫作双吊点。也有三吊点和四吊点的作业，通常把两个相邻吊点间的距离，称为吊点距离。物体吊点的重要性，一是体现在对建筑施工的安全上，二是体现在对被吊物体的保护上，三是体现在对建筑施工现场的机具和建筑物的保护上，四是体现在对起重机械的安全保护上等。从吊点开始，到各吊具的连接，最终到起重机的吊钩，任何一个环节出问题，都会造成安全生产事故或财产损失。在建筑施工现场，因吊点选择等违反规范要求而发生的事故经常可以看到，有的事故甚至损失巨大。

（3）选择物体吊点要求

在吊运物体时，为防止物体的倾斜、翻倒、变形损坏，应根据物体的形状特点、重心位置，正确选择起吊点，使物体在吊运过程中有足够的稳定性，以免发生事故。

选择吊点时要注意，第一，重心位置必须在吊点处或一定要靠近在双吊点的中心处；第二，吊点位置的选择要方便对物体的捆绑和保护；第三，吊点位置不能破坏物体的原结构；第四，吊点位置要利于吊装完成后的卸钩；第五，吊具的选择要符合被吊物体的重量和吊点的形状等。

第二节　电工基础知识

在建筑施工现场使用的机械设备，绝大多数都需要使用电力来实现机械施工作业的功能，并通过电路设定的程序控制，实现机械施工作业的安全。机械设备操作人员在操作机械设备时，就是通过操作电器，发出电器动作的指令，使机械设备按指令要求运行，以实现施工生产的要求。可以说机械设备上的电器元件，就是它的中枢神经系统，操作人员就是其大脑，是指挥者。因此机械设备的操作人员应了解掌握部分电工的基础知识。物料提升机的操作人员，通过操作电器使电机运转，电机的使吊笼按规定的轨道运行，以到达规定的位置，完成施工生产任务。

1. 基本概念

（1）电流、电压和电阻

1）电流

电荷的定向流动，称为电流。

2）电压

电压也称作电势差或电位差，有了电位差电流才能从电路中的高电位点流向低电位点。电压的国际单位制为伏特（V，简称伏），常用的单位还有毫伏（mV）、微伏（μV）、千伏（kV）等。其换算关系为：$1kV = 10^3 V = 10^6 mV$。

电压按等级划分为高压、低压与安全电压。

高压：指电气设备对地电压在 1kV 以上；

低压：指电气设备对地电压为 1kV 以下；

目前国家规定市政电网供电额定电压为：380V、220V。即建筑施工现场、建筑供电电箱末端和常用插座，都是 380V（四眼插座）和 220V（三眼、二眼插座）的供电。建筑施工现场多称 220V 为照明用电，380V 为动力用电。

安全电压有五个等级：42V、36V、24V、12V、6V。应根据作业场所、操作员条件、使用方式、供电方式、线路状况等因素选用。例如特别危险环境中使用的手持电动工具应采用 42V 特低电压；有电击危险环境中使用的手持照明灯和局部照明灯应采用 36V 或 24V 特低电压；金属容器内、特别潮湿处等特别危险环境中使用的手持照明灯就采用 12V 特低电压；水下作业等场所应采用 6V 特低电压。

3）电阻

电流在物体中流动时遇到的阻力称电阻，用 R 表示。其大小的衡量单位是欧姆（Ω），常用的倍数单位有千欧（kΩ）和兆欧（MΩ），换算关系为：$1M\Omega = 10^3 k\Omega = 10^6 \Omega$。

（2）电功率和电能

1）电功率

电源单位时间内对负载做的功称为电功率，简称功率，用 P 表示。功率的单位是瓦特（W）。倍数单位有千瓦（kW）、毫瓦（mW）等，换算关系为：$1kW = 10^3 W = 10^6 mW$。

电功率 P 与电流 I、电压 U 的计算关系：

$$P = IU$$

若在元件上功率计算的结果为正值，即 $P > 0$，则表示此元件在电路中吸收功率（或消耗功率），称为负载；若功率计算结果为负值，即 $P < 0$，则表示元件在电路中是发出功率（或产生功率），称为电源。

2）电能

电流流过负载时电源对负载做了功，即电源通过电流把电能传输给负载，负载把电能变成为光能、热能和机械能等。

（3）电路

1）电路的组成

由金属导线和电器元件以及电子部件组成的导电回路，称为电路。直流电通过的电路称为"直流电路"；交流电通过的电路称为"交流电路"。如日常生活中的照明电路，电动机电路等。电路由电源、负载、连接导线和辅助装置四大部分组成。如图7-3所示。

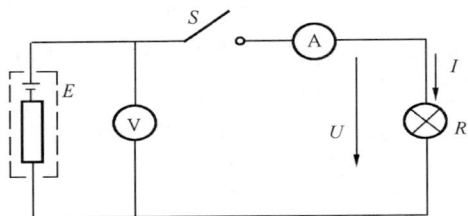

图 7-3   电路示意

2）电路的类别

按照负载的连接方式，电路可分为串联电路和并联电路。电路中电流依次通过每一个组成元件的电路称为串联电路；所有负载（电源）的输入端和输出端分别被连接在一起的电路，称为并联电路。

按照电流的性质，分为交流电路和直流电路。电压和电流的大小及方向随时间变化的电路，叫交流电路；电压和电流的大小及方向不随时间变化的电路，叫直流电路。

3）电路的状态

① 通路：当电路的开关闭合，负载中有电流通过时称为通路，电路正常工作状态为通路。

② 开路：即断路，指电路中开关打开或电路中某处断开时的状态，开路时电路中无电流通过。

③ 短路：电源两端的导线因某种故障未经过负载而直接连通时称为短路。短路时负载中无电流通过，流过导线的电流比正常工作时大几十倍甚至数百倍，短时间内就会使导线产生大量的

热量，造成导线熔断或过热而引发火灾，短路是一种故障状态，应避免发生。

（4）交流电

1）交流电：是指大小和方向都发生周期性变化的电流，因为周期电流在一个周期内的运行平均值为零，称为交变电流或简称交流电。

大部分工业用电则都是以三相交流电的形式出现。高压输电线，通常是四根线（称为三相四线，其中有一条线为中线）。三根导线负载着强度相等、频率相同且相互间具有 120°相位差的交流电，即三相交流电。三相交流电习惯上分为 A、B、C 三相。按国标规定，交流供电系统的电源 A、B、C 分别用 L1、L2、L3 表示，其相色分别为黄色、绿色和红色。

2）三相交流电：三相交流电是由三个频率相同、电势振幅相等、相位差互差 120°角的交流电路组成的电力系统。目前，我国生产、配送的都是三相交流电。

3）线电压：相线与相线之间的电压称为线电压。在 380V、50Hz 的三相四线制供电系统中，线电压值为 380V。

4）相电压：相线与零线之间的电压称为相电压。在 380V、50Hz 的三相四线制供电系统中，相电压值为 220V。

2. 电磁

（1）电磁的现象

导线在磁场切割磁力线时，会在导线中产生电流。电磁是物质所表现的电性和磁性的统称。

（2）电磁铁的应用

电磁铁是电磁现象的一种应用。电磁铁按使用的电流分交流电磁铁和直流电磁铁。按用途分为制动电磁铁、起重电磁铁、阀用电磁铁和牵引电磁铁等。

3. 低压电器

（1）低压电器的概念

低压电器一般都有两个基本部分：一个是感测部分，它感测外界的信号，作出有规律的反应。它是一种能根据外界的信号和要求，手动或自动地接通、断开电路，以实现对电路中的各对象的切换、控制、保护、检测、变换和调节的电器元件或电气设备。低压电器一般分为配电电器和控制电器两大类，是成套电气设备的基本组成元件。常见的低压电器有各种开关、按钮、熔断器、接触器、漏电保护器和继电器等。在受控电器中，感测部分通常为操作手柄等；另一个是执行部分，如触点是根据指令进行电路的接通或切断的。

低压电器的作用有：

控制作用，如电梯的上下移动、快慢速自动切换与自动停层等。

调节作用，低压电器可对一些电量和非电量进行调整，以满足用户的要求，如柴油机油门的调整、房间温湿度的调节、照度的自动调节等。

保护作用，能根据设备的特点，对设备、环境、以及人身实行自动保护，如电机的过热保护、电网的短路保护、漏电保护等。

指示作用，利用低压电器的控制、保护等功能，检测出设备运行状况与电气电路工作情况，如绝缘监测、保护指示装置等。

（2）低压电器的分类

低压电器的种类繁多，分类方法有很多种。

1）按动作方式可分为：

① 手动电器——依靠外力直接操作来进行切换的电器，如刀开关、按钮开关等。

② 自动电器——依靠指令或物理量变化而自动动作的电器，如接触器、继电器等。

2）按用途可分为：

① 低压控制电器——主要在低压配电系统及动力设备中起控制作用，如刀开关、低压断路器等。

② 低压保护电器——主要在低压配电系统及动力设备中起

保护作用，如熔断器、热继电器等。

3）按种类可分为：

刀开关、刀形转换开关、熔断器、低压断路器、接触器、继电器、主令电器和自动开关等。

按其功能分有开关电器、控制电器、保护电器、调节电器、主令电器、成套电器等。常见的低压电器有主令电器、空气断路器、接触器、继电器。

（3）各类电器的知识

1）主令电器

主令电器是一种能向外发送指令的电器，主要有按钮开关、行程开关、万能转换开关、接近开关等。其作用是可以实现人对控制电器的操作或实现控制电路的顺序控制。

① 按钮开关

按钮开关是利用按钮推动传动机构，使动触点与静触点接通或断开并实现电路换接的开关。一般不能直接用来控制电气设备，只能发出指令，但可以实现远距离操作。在电气自动控制电路中，用于手动发出控制信号以控制接触器、继电器、电磁起动器等。

按钮开关是一种结构简单、应用十分广泛的主令电器。按钮开关的结构种类很多，可分为普通按钮式、蘑菇头式（物料提升机一般作为急停按钮）、自锁式、自复位式、旋柄式、带指示灯式、带灯符号式及钥匙式等。常用按钮开关如图 7-4 所示。

单按钮　　　　　　多联按钮　　　　　　急停按钮

图 7-4　按钮开关

急停按钮也可以称为"紧急停止按钮"，简称急停按钮（如图 7-4 中单独的红色蘑菇头按钮）。急停按钮就是当发生紧急情况的时候，操作者可以通过快速按下此按钮来达到保护的措施。

② 行程开关

行程开关又称限位开关或终点开关。它是利用生产机械运动部件的碰撞使其触头动作来实现接通或分断控制电路，以控制自身运动或行程大小的主令电器，是将机械信号转换为电信号来控制运动部件行程的开关元件。其广泛用于顺序控制器、运动方向、行程、零位、限位、安全及自动停止、自动往复等控制系统中。常见的行程开关如图 7-5 所示。

③ 主令控制器

主令控制器（又称主令开关）主要用于电气传动装置中，按一定顺序分合触头，达到发布命令或其他控制线路联锁转换的目的。塔式起重机中的联动控制台就属于主令控制器，其作用就是操作塔式起重机的回转、变幅、卷扬等动作，如图 7-6 所示。

图 7-5　行程开关　　　　　　图 7-6　主令开关

2）空气断路器

空气断路器又称自动空气开关或空气开关，属开关电器。当电路过载、短路或欠压等不正常情况发生时，用于自动分断电路，可用于不频繁地启动和切断电动机供电电路或接通、分断其他供电电路的场合。空气断路器有万能式断路器、塑壳式断路器、微型断路器、漏电保护器等。常用断路器如图 7-7 所示。

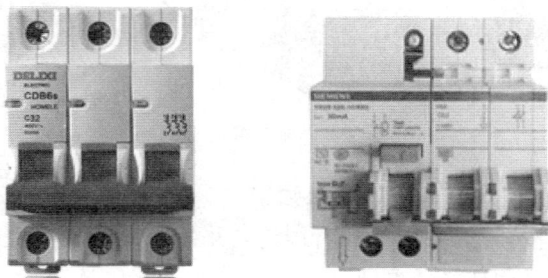

图 7-7 常用断路器

3）接触器

接触器是电力拖动和控制系统中应用最为广泛的电器，它可频繁操作，远距离接触、断开主电路和大容量控制电路。接触器可分为交流接触器和直流接触器两大类。常用接触器如图 7-8 所示。

图 7-8 常用接触器

4）继电器

继电器是一种自动控制电器，在一定的输入参数下，它受输入端的影响而使输出参数有跳跃式的变化。常用的继电器有中间继电器、热继电器、延时继电器、温度继电器等，如图 7-9 所示。

图 7-9 常用继电器

4. 施工现场安全用电基本知识

（1）建筑施工现场的临时用电，采用电源中性点直接接地的 220/380V 三相四线制的低压电力供电系统。从电源至用电设备，采用三级配电、TN-S 接零保护和二级漏电保护系统。

（2）建筑施工现场用电组织设计及变更时，必须执行"编制、审核、批准"程序，由电气工程技术人员组织编制，经相关部门审核及具有法人资格企业的技术负责人批准后实施。变更用电组织设计时，应补充有关图纸资料。

（3）建筑施工现场临时用电分项工程必须经编制、审核、批准部门和使用单位共同验收，合格后方可投入使用。

（4）建筑施工现场临时用电，应进行定期检查，检查应按分部、分项工程进行，对安全隐患必须及时处理，并应履行复查验收手续。

（5）配电柜或配电线路、开关箱等停电维修时，应悬挂"禁止合闸有人工作"等停电标志。停送电必须由专人负责。

（6）电缆中必须包含全部工作芯线和用作保护零线或保护线的芯线。需要三相四线制配电的电缆线路必须采用五芯电缆。五芯电缆必须包含淡蓝、绿/黄二种颜色绝缘芯线。淡蓝色芯线必须用作 N 线；绿/黄双色芯线必须用作 PE 线，严禁混用。

（7）开关箱中漏电保护器的额定漏电动作电流不应大于 30 mA，额定漏电动作时间不应大于 0.1s。使用于潮湿或有腐蚀介质场所的漏电保护器应采用防溅型产品，其额定漏电动作电流不应大于 15 mA，额定漏电动作时间不应大于 0.1s。

（8）禁止用手去救援已经触电的人，须用绝缘的物件把带电体从触电人身上移开。

（9）作业场所，不得使用电炉、取暖器等无保护措施的电器。

（10）作业场所须使用防爆的照明灯具。

（11）须保护物料提升机上的电线和电缆，防止被油液污染和机械损伤等。

（12）电工须持由建设行政主管部门颁发的特种作业人员操作证书，并在证书有效期内方可上岗。禁止无证人员在施工现场进行用电或线路维护等作业。

第三节　机械基础知识

1. 机械的概念

机械是机器与机构的总称，是按设计把各种功能的实物构件组合成整体，通过人为的控制，有确定的相对运动，可以实现单项或多项重复工作的组合体。机械是能帮人们降低工作难度或省力的工具装置。实现机械装置中的某种功能，具有确定相对运动构件的组合称为机构，其主要功用在于传递或转变运动的形式。如物料提升机中卷扬机的减速箱，就是整个物料提升中的一个机构，主要功能是实现把电动机输出的高转速按要求减速。机器由原动部分、转动部分和工作部分组成，能完成有用的机械功或者实现能量的转换，其主要功用是利用机械能做功或进行能量转换。物料提升机由电动机驱动传动的减速机构，通过卷筒上的钢丝绳，拉动位于导轨架上的吊笼，把物料从低处移送到高处的规定位置，对物料做了功，实现了物料的转运，方便了建筑工程的施工生产。

机械分类众多，仅建筑工程机械就分为建筑起重机械、钢筋加工机械、木工加工机械、混凝土机械、桩工机械、土方机械等，建筑起重机械又分为塔式起重机、施工升降机和高处作业吊篮、物料提升机等，所以物料提升机属于建筑起重机械类其中的一种机械。

机械一般由动力装置、功能机构、控制部分和基础件组成。

（1）动力机械

动力机械是将自然界中的能量或将其他能量转换为机械能或其他形式的能量而做功的机械装置。所有机械的工作都离不开动力。物料提升机所用的动力是电能，由电动机将电能转化成机械能来驱动各机构的工作，电动机就是物料提升机的动力机械。

（2）功能机构

除动力装置外，机械是由其实现各功能的机构组成的，由各功能机构的相互作用，实现机械整体的功能。机械的部分功能机构的组合，可以形成一个机械总成或分总成。机械的总成是各零件的集成，它可以实现机械中的某个功能。物料提升机中的卷扬机，是整个机械中的一个功能机构，它的作用是牵引卷筒上的钢丝绳，使钢丝绳按设定的程序运动。卷扬机中的减速箱，是卷扬机中的一个总成，它由减速箱的上下壳体和多组齿轮轴、齿轮、轴承等组成，主要功能是将电动的机转速降低至规定数值。另外，物料提升机中还有导轨架、吊笼和滑轮组等组成。

（3）机械的特性

作为机械设备的操作人员，掌握机械的特性，正确有效地操作使用好机械设备，是操作人员的一项基本技能。所有的机械在制造之前，就已经规定了其使用的环境和要求，具有以下几项特性：

1）在规定的参数范围内使用：如物料提升机都有额定的起重量，提升的物料不可以超过该起重量；如物料提升机的使用高度，使用说明书对之也有具体的规定，最高应该是什么高度，在什么情况下附着，都有明确的规定等。

2）有明确的用途：物料提升机就是用来提升物料的，并且对所运输的物料和规格、包装等也有具体的规定。如不可以用来运输人员，也不可以用来运输危险化学品，散装的物料必须低于其容器的上口等。

3）有其确定的使用功能：物料提升机只能做垂直方向的物料运输，其垂直方向的运送范围有确定的要求，不能超出其运行的范围，更不能用来移动水平方向的物料。

4）有按规定进行保养维护和检查的要求：机械运动的部位，都需要按规定进行定期的维护保养，失修和欠保养的机械，会降低其技术性能和安全性能，有可能会引起安全事故等。机械的固定部位，更需要定期进行检查和防腐处理，以防止机件锈蚀失效等。如物料提升机的卷扬机、滑轮、钢丝绳和防护门的运动部位、安全装置的运动部位等，需要按期检查和保养等。

5）机械各部件和各机构间的参数是相互匹配的，不可以随便替换。同制造商同型号间的机械部件，有很高的互换性，但不同制造商间的同型号机械的部件，不能互换。

6）所有的机械设备都有确定的操作规程：不按操作规程操作机械设备，会引起机械设备的损坏，严重的会引发机械设备事故。特别是作为特种设备的物料提升机，按操作规程操作使用机械设备，是对机械操作人员的基本要求，并且必须持有效证件上岗操作。

机械设备还具有其他的一些特性，要针对具体的机械设备进行总结。在使用机械设备时，要按照使用说明书和相关标准规范的要求，正确操作使用，才能保证机械设备和人员的安全。

2. 运动副

运动副是两构件或多构件的直接接触，并能产生相对运动的活动联接。构件上参与接触的部分，构成相对运动接触处的点、线、面等元素被称为运动副元素。

运动副有多种分类方法，如图 7-10 所示。

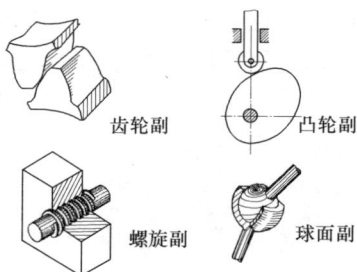

齿轮副　凸轮副　螺旋副　球面副

图 7-10　常见运动副

按照运动副的接触形式分类：面和面接触的运动副，在接触部分的压强较低，被称为低副，而点或线接触的运动副称为高副，高副比低副更容易磨损。

运动副在机械设备中经常见。比如物料提升机采用蜗轮和蜗杆的减速机中，蜗轮和蜗杆的传动部分是面接触的，为螺旋副，即低副。而蜗轮、蜗杆轴的两端采用滚动轴承，滚动轴承的滚珠（柱）同时与轴承的内圈、外圈接触，并为之两个约束，滚珠（柱）与两个滚道间的接触为线接触，所以这个运动副既是高副又是二级副。

3. 传动

传动是把机器一个部分的运动传递到另一部分上去，以改变转速、转矩和运动方式，它是指机械之间的动力传递。传动分为机械传动、流体传动和电力传动三大类，机械传动的应用最广，流体传动常见于液压马达和液压泵间的动力传递，再转化为机械能，而电力传动一般就是电动机将电能转换成机械能等。

机械的传动形式有很多，如齿轮传动和蜗杆传动、链传动、带传动等。物料提升机的传动形式主要有卷扬机的齿轮传动或蜗轮蜗杆传动、钢丝绳的带传动等，如果使用液力推杆制动器，还有流体传动等。

（1）齿轮传动

齿轮传动是指由齿轮副传递运动和动力的装置，它是现代各种设备中应用最广泛的一种机械传动方式。齿轮传动在建筑机械中应用广泛，通常用于塔式起重机、施工升降机、混凝土搅拌机、钢筋切断机、卷扬机等机械。分别见图 7-11 齿轮传动示意图和图 7-12 各种齿轮传动图。

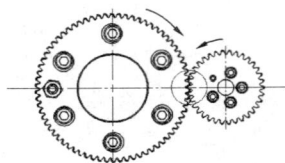

图 7-11　齿轮传动示意

1）齿轮传动的优点

齿轮传动之所以得到广泛应用，是因为有如下优点：

① 传动效率高，一般为 $95\%\sim98\%$，最高可达 99%。

斜齿轮传动　　　　扇形齿轮传动　　　　锥形齿轮传动　　　　行星齿轮传动

图 7-12　各种齿轮传动图

② 结构紧凑、体积小。

③ 工作可靠，使用寿命长。

④ 传动比固定，传递运动准确可靠。

⑤ 能实现平行轴间、相交轴间及空间相错轴间的多种传动。

⑥ 适用范围宽。齿轮传动传递的功率范围极宽，可以从0.001W 到 60000kW；圆周速度可以很低，也可高达 150m/s，这是带传动、链传动均难以比拟的。

2）齿轮传动的缺点

齿轮传动除有以上优点外，也存在以下缺点：

① 制造成本高。

② 不宜承受剧烈的冲击和过载。

③ 不宜用于中心距较大的场合。

（2）蜗轮蜗杆传动

蜗轮蜗杆传动和其他形式的齿轮传动比较，有以下优点和缺点。

1）优点

① 可以得到很大的单级传动比，同样的传动比和输出功率，比相交轴的圆锥形齿轮机构和两轴平行的齿轮传动机构紧凑。因而蜗轮蜗杆传动减速器可以用较小的外形尺寸达到大的速比和输出功率。

② 蜗轮蜗杆多齿面啮合，齿面为面接触。比圆柱齿轮和圆锥齿轮有明显的承载优势，所以蜗轮蜗杆传动机构一般应用在负载较大的场所。

③ 结构小、重量轻、运转平稳、噪声低、振动小、安装

73

方便。

④ 具有自锁性，可以防止逆转，安全性能高。

2）缺点

① 蜗轮蜗杆机构传动效率较低，磨损较严重。

② 制造成本高。蜗轮蜗杆传动一般采用铜合金材料，原材料价格高，且加工工艺较复杂。

③ 蜗杆的轴向力较大。

蜗杆传动广泛用于机床、仪器、起重运输机械及建筑机械中，是一种常用的大传动比机械传动，如图 7-13 所示。

图 7-13　蜗轮蜗杆传动

（3）链、带传动

1）带传动

带传动是利用张紧在带轮上的柔性带进行运动或动力传递的一种机械传动。带传动的优点：具有结构简单、传动平稳、能缓冲吸振、运转噪声低、可以在大的轴间距和多轴间传递动力，且其造价低廉、不需润滑、有良好的挠性和弹性、过载打滑、维护容易等特点，在机械传动中应用十分广泛。带传动除用于传递动力外，有时也用来输送物料、进行零件的整列等。

根据用途不同，带传动可分为一般工业用传动带、汽车用传动带、农业机械用传动带和家用电器用传动带。摩擦型传动带根据其截面形状的不同又分平形带、V 带（三角带）和特殊带（多楔带、圆带）等（图 7-14）。

2）链传动（图 7-15）

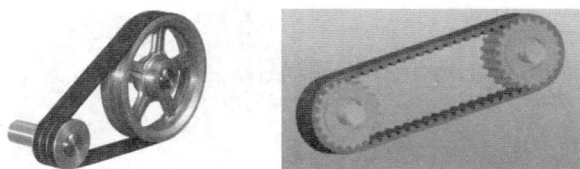

图 7-14　带传动

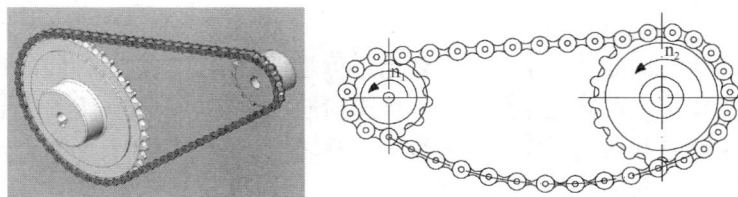

图 7-15　链传动

按照工作性质的不同，链有传动链、起重链、曳引链三种。链传动在传递功率、速度、传动比、中心距等方面都有很广泛的应用。在建筑施工现场，经常看到或应用的是起重链，即手拉起重葫芦，用于一般的起重或维修机械的场合。生活中常见的是自行车的链条。

4. 机械连接

机器上转动零件和轴之间的连接方式常有键连接、销连接、螺纹连接和焊接等。

（1）键连接

键连接是由零件的轮毂、轴和键组成。键连接是一种应用很广泛的可拆卸连接，主要是通过相对固定轴与轴上零件的周向，以传递运动或转矩。机器上如齿轮、带轮、蜗轮、凸轮等转动零件的轮毂与轴的连接大多采用平键连接或花键连接，如图 7-16所示。

键连接可分为平键连接、半圆键连接、楔键连接和切向键连接。

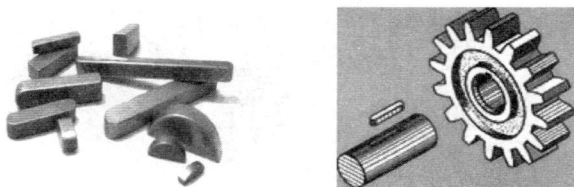

图 7-16　键连接

（2）销连接

销是标准件，主要用来作为定位零件，用以确定零件间的相互位置；也可起连接作用，以传递横向力或转矩；或作为安全装置中的过载切断零件。销一般分为圆柱销、圆锥销和异形销、开口销等（图 7-17）。

圆柱销　　　　　　　　　圆锥销　　　　　　　　　开口销

图 7-17　常见销

销连接用来固定零件间的相互位置，构成可拆连接，也可用于轴和轮毂或其他零件的连接以传递较小的载荷；有时还用作安全装置中的过载剪切元件。圆柱销连接不宜经常装拆，否则，会降低定位精度或连接的紧固性。开口销是一般常用销，用于轴的轴向制动，在塔式起重机、施工升降机和货用升降机、施工吊篮等机械设备的安装中经常见到。

（3）螺栓连接

螺栓连接是一种广泛使用的可拆卸的固定连接，也用于机械零件的定位和传动等，具有结构简单、连接可靠、装拆方便、加工制造成本低等优点。螺栓是机械设备中最常见的机械零件（图7-18），由螺杆和螺母配套使用，用于紧固连接两个带有通孔的零件，这种连接形式称螺栓连接。

建筑施工现场常用的螺栓性能等级是 4.8 级，用在普通的机械部件连接场合。用于建筑起重机械重要部位的连接，至少是8.8级的高强度螺栓，如物料提升机导轨架间的连接；用于塔式起重机塔身标准节间的螺栓性能等级为10.9级。

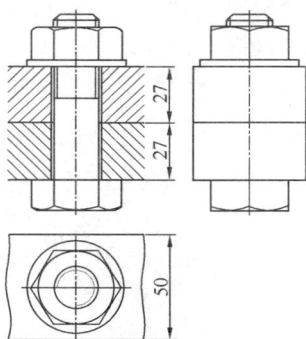

图 7-18　螺栓连接

（4）焊接

焊接是一种以高温加热需连接的材料，并施以适当辅助力和焊材的方式，把金属材料或可热熔的材料熔接成一体的加工制造工艺及技术。物料提升机的防护门、底座和天梁等，都是通过焊接把各零件连接成一个整体。

焊接作业是特种作业，需要持有效证件方可进行。焊接的质量非常重要，影响焊接质量的因素也很多，如形成假焊、夹渣、气孔、焊接裂纹和其他焊接缺陷等的零件，会对建筑起重机械设备的安全使用带来重大的隐患。因此，作为物料提升机的操作人员，不持有效证件不能进行焊接作业，使用焊接件一定要进行检查。

5. 主要机械零部件

（1）轴

轴是支承转动零件或与之一起旋转以传递运动、扭矩或弯矩的机械零件。一般的轴为金属圆柱状，各段可以有不同的直径。机器中作回转运动的零件就装在轴上，轴是穿在轴承中间或车轮中间或齿轮中间的圆柱形物件，但也有少部分是方形的。轴要用滚动轴承或滑动轴承来支承，才能进行其回转运动。

1）轴的结构

轴主要由轴颈、轴头、轴身三部分构成，轴上被支承的部分称之为轴颈，轴的两端称为轴头，轴头根据设计要求，有的被安装出轮或轮毂等，有的直接安装支承轴承成为轴颈。连接两端轴颈和轴头的部分称之为轴身，如图 7-19 所示。

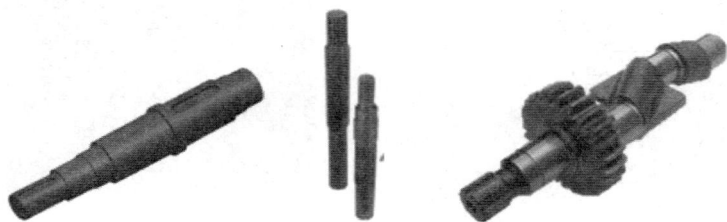

图 7-19　常见轴

2）销轴

销轴既可静态固定连接两个机械零（部）件，亦可与被连接件做相对运动，主要用于两零件间或多个零件间的铰接处，构成铰连接。销轴通常用开口销或卡环等锁定，工作可靠，拆卸方便，是一类相对标准化的紧固件（图 7-20）。

图 7-20　销轴

（2）轴承

1）轴承的作用

轴承是当代机械设备中一种应用非常广泛的重要零部件，主要用于各种机械轴的支撑和降低机械轴及其旋转体在运动过程中的摩擦系数，减少机械零件的磨损，提高机械零件的使用寿命，并保证其回转精度。物料提升机卷扬机减速箱中的齿轮轴采用了滚动轴承，滑轮有的采用滚动轴承，有的采用滑动轴承。

2）轴承的分类

轴承的分类，一般都根据轴承工作时的摩擦性质进行，所以轴承分为滑动摩擦轴承（简称：滑动轴承）和滚动摩擦轴承（简称：滚动轴承）。如图 7-21 所示。按所受载荷方向分类，可分为向心轴承、推力轴承和向心推力轴承等。部分滑动轴承、滚动轴承示意图和实物，如图 7-22 所示。

图 7-21　轴承

（3）联轴器

联轴器也称联轴节，用来把两个机构中的主动轴和从动轴牢固地联接在一起，一同旋转，并传递运动和扭矩的机械部件。联轴器由两个部件合成，分别牢固地安装在主动轴和从动轴上，再通过一定的方式将两个部件可靠地联接起来，这样就能实现运动和扭矩的传递（图 7-23）。

（4）轴承座

在机械设备中，有轴承的地方就有轴承座，轴承不会脱离轴承座而单独存在，所以轴承座非常广泛地应用于各种机械设备。轴承座的类型有很多，有应用于滑动轴承的轴承座，也有应用于滚动轴承的轴承座，但它们的功能是一样的，就是用来支承轴

外圈
内圈
滚动体
保持架

上圈
滚珠
隔离罩
下圈

(a)单列向心球轴承　　　　(b)单向推力球轴承

(c)单列圆锥滚子轴承

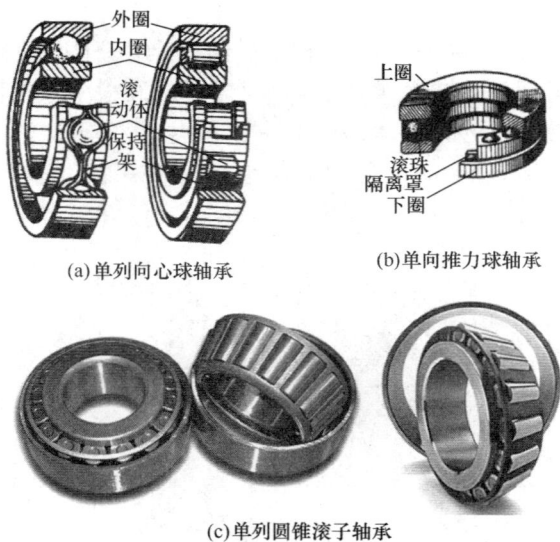

图 7-22　各种滚动轴承示意图和实物

图 7-23　联轴器

承，接受轴承传来的力，同时具备向轴承进行润滑的功能。如图 7-24 所示。

　　一个轴承可以选用不同的轴承座，而一个轴承座同时又可以装配不同类型的轴承，因此，轴承座的品种很多。但是同样的轴承座型号在不同的制造商的公司样本里的标记也不完全相同，所以在选用轴承座时，一定要对所选轴承的几何尺寸进行测量，以

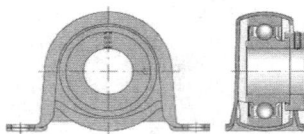

滚动轴承座

滑动轴承座实物　　　　　滚动轴承座实物

图 7-24　轴承座简图

便确认轴承座的型号，特别是滑动轴承的轴承座选配，更要注意。对于标准轴承座不同的应用场合，可选择不同材料的轴承座，如灰口铸铁、球墨铸铁和铸钢、不锈钢、塑料的特殊轴承座。

物料提升机减速箱中的轴承座，是与减速箱体一起设计制造的，因此减速箱体就是箱内各种轴承的轴承座。

对于轴承座，除了紧固和保护之外，几乎不需要维护保养，一旦破坏就报废更换，平时使用过程中就是通过加注孔，对轴承进行润滑保养。

6. 常用起重吊装用具

（1）钢丝绳

1）钢丝绳的结构

钢丝绳是用力学性能和几何尺寸符合要求的钢丝等按一定的方式相互绕制成有标准几何截面和制式的螺旋状钢丝束，一般的钢丝绳由钢丝、绳芯组成，有特殊要求的钢丝绳，还要在其表面增加涂塑层或进行磷化、镀锌等。

2）钢丝绳的分类

按材质分为碳素钢钢丝绳和不锈钢钢丝绳，在建筑行业中，不锈钢钢丝绳极少使用。建筑起重机械使用较多的是：光面钢丝绳和镀锌钢丝绳，镀锌钢丝绳在高处作业吊篮中使用较多，光面钢丝绳则在建筑起重机械中广泛使用。

3）钢丝绳的用途

钢丝绳的用途非常广泛。起重用钢丝绳要求钢丝绳抗拉强度高、柔软性能好、不旋（扭）转、耐弯曲疲劳、不松散等。起重用钢丝绳在建筑起重机械中应用最多，不但用于起重机械中传递动力，还用于建筑施工现场的吊索等。

（2）钢丝绳夹

钢丝绳夹又称钢丝绳夹头、钢丝绳卡扣和钢丝绳轧头（俗称）。钢丝绳夹头主要用于钢丝绳与其他机械部件的连接固定，连接固定的方式一般是相同直径间绳和绳的固接或绳与固定件间的固接等，钢丝绳夹一般用在两根或一根钢丝绳头需要固定连接的场合。如物料提升机使用的提升钢丝绳时绳头的固定等，它是起重吊装作业中应用较广的钢丝绳夹具。

钢丝绳绳端一般常用夹头固定法。通常用的钢丝绳夹头有骑马式（图 7-25）、压板式和拳握式三种，其中骑马式连接力最强，应用也最广，压板式其次，拳握式由于没有底座，容易损坏钢丝绳，连接力较差，因此，很少应用。

图 7-25　钢丝绳夹

钢丝绳夹头（骑马式）在使用时应注意以下几点：

1）选用适宜的钢丝绳夹头型号。骑马式钢丝绳夹头是系列化的标准产品，选用夹头时，应使其 U 形环的内侧净距比钢丝绳直径大 1～3mm，过大不易卡紧，过小会伤害钢丝绳或夹头承载力不够，容易引发生产安全事故。

2）安装夹头时必须将 U 形环上的螺栓拧紧，紧固到钢丝绳被压扁 1/3 直径时为止，在钢丝绳使用受力后，再将夹头螺栓拧紧一次，以确认钢丝绳接头牢固可靠。

3）注意钢丝绳夹头安装方向，U 形卡的底部应与有绳头端的钢丝绳接触。如果 U 形卡底部与无绳头端接触，则钢丝绳被压扁后，再受力时容易断丝。

4）用于相对重要场合时，钢丝绳夹头应连续使用，直径12mm 及以下的钢丝绳不少于 3 个，钢丝绳夹头的间距应为钢丝绳直径的 6～7 倍。

5）在重要场合使用的钢丝绳夹头，为了便于检查钢丝绳夹头是否可靠和及时发现钢丝绳是否滑动，一般在最后一个夹头后面大约 500mm 处再安一个夹头，并将绳头放出一个 U 形"安全弯"。这样，当接头的钢丝绳发生滑动时，"安全弯"首先被拉直，这时就应该立即采取措施处理等。

（3）滑轮（车）

滑轮在建筑施工现场应用很广泛，所有使用钢丝绳的部件，都离不开滑轮，滑轮是提供钢丝绳导向和平衡钢丝绳分支拉力的部件（图 7-26）。根据滑轮材质的不同，滑轮分为铸铁、钢质和工程塑料等，根据滑轮的个数，又分为单片滑轮和双片或多片滑轮组，工程人员应根据使用的要求不同而选择。随着技术的发展，因工程塑料材质密度低、强度高、易加工成型等优点，因此在各个领域的应用都有应用，图 7-26 左右两个滑轮的材质分别是钢质和铸铁。

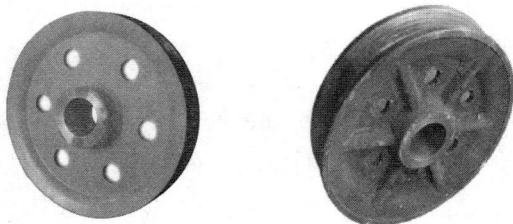

图 7-26　滑轮

滑轮与轴、轴承、基础件和固定部件等装配后，形成滑车。滑车分单片、双片和三片组等，即由几片滑轮组成，就称几片滑轮组（滑车组）（图7-27），滑轮组用于使钢丝绳形成倍率，以减小起重时的速度，增加起重量，即增强机械设备的起重能力。

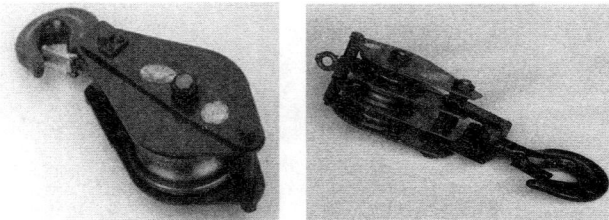

图 7-27　滑车

（4）卸扣

在建筑施工现场起重物体时，钢丝绳需要与被吊物体进行连接，一般使用连接环在钢丝绳与被吊物体间作连接，这个连接环也称作卸扣，它是建筑施工起重工程中常用的连接工具。卸扣是钢丝绳之间、钢丝绳与物体之间、钢丝绳与滑轮之间、刚性牵引架与车体之间的必要连接工具。

卸扣的种类甚多，按其弯环的形状分有直环形 D 形（图 7-28 实物图右）和马蹄形（弓形，图 7-28 实物图左）两种；按销轴和弯环连接形式分有螺旋式和活络销子式两种。

在建筑施工现场，一般采用螺旋式销轴的卸扣，即销轴和弯环采用螺栓连接。

（5）钢丝绳索具

钢丝绳索具是用钢丝绳加辅助装置或经相应的编织，制作成可以进行起重吊装的绳索用具。钢丝绳索具主要用于吊装、牵引、拉紧和承载的作业或工作等场所，钢丝绳索具具有强度高、自重轻、工作平稳、不易骤然整根折断和体积小便于携带等特点，广泛应用于建筑施工、运输、港口装卸、钢铁、化工等

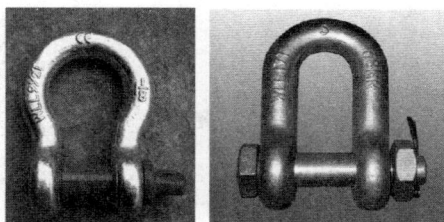

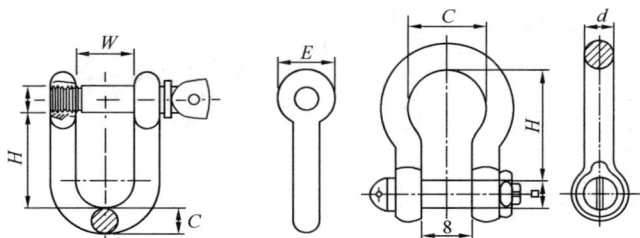

图 7-28　卸扣实物和示意图

行业。

　　按照加工方式的不同，钢丝绳索具分为三种：插编钢丝绳索具；压制钢丝绳索具；浇铸钢丝绳。图 7-29 是各种种类钢丝绳索具的实物图片。

7．机械润滑

（1）机械润滑的作用

　　有机械部件做相对运动的部位，就存在摩擦。有相互摩擦的机械零件，就有机械零件的磨损。机械润滑的作用除了能降低机械摩擦系数、减少机械零件磨损、增加机械零件使用寿命和提高机械运动传递效率等，还具有对运动的机械零件进行冷却、防腐、减振、清洗和密封等作用。在物料提升机中，各个运动部件的位置，设计有润滑的装置或特别指出需要润滑的地方，并且在说明书中规定的润滑时间间隔和选用的润滑油的品种等。物料提升机的操作人员，应按说明书的要求，做好润滑保养工作。机械设备润滑保养良好，也能很大程度地降低生产安全事故的发生。

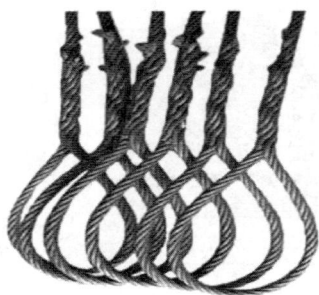

手捅套环

铝合金压套环

闭口端子

手捅软索

铝合金压接软索

铝合金压接锥型软索

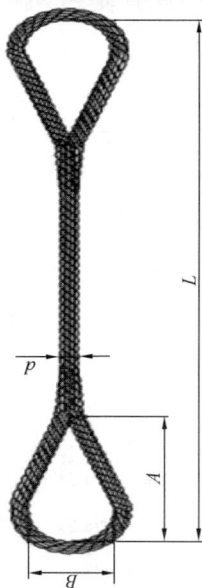

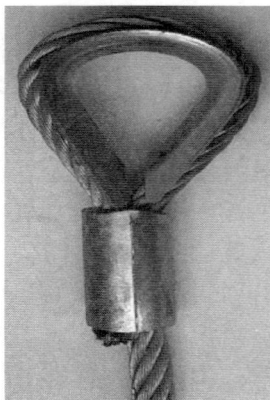

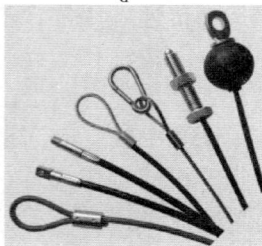

图7-29 各种索具

（2）机械润滑的方式

机械润滑的方式比较多，各种机械设备按其工作的方式和机构的类型，选择相应的润滑方式。对机械运动部位进行润滑，一种是经常由人工手动加注润滑油（脂），另一种是一次加注润滑油（脂）后，机械运转到周期后直接进行更换润滑油（脂）。

总之，机械润滑是机械设备工程中非常重要的部分，机械设备润滑的情况好坏，不仅影响机械设备的使用寿命，更关系到机械设备的安全生产。

第八章　物料提升基础知识

第一节　物料提升机发展概况

物料提升机是建筑施工过程中，载物吊笼沿导轨做上下运动，可每层停靠卸货的施工机械。它也称货用施工升降机，是只用于垂直运送物料，禁止载人的机械。

早期在建筑施工现场使用的物料提升机，一般由建筑施工企业自行设计、制造和进行现场使用，没有统一的设计、制造和使用标准。当时的物料提升机的使用高度，一般在30m以下，因其结构简单，技术要求相对较低，制造方便，经济实用，所以在多层建筑中使用广泛。也有在30m以上使用的物料提升机，如当时的燃煤发电厂的冷却塔和烟囱等构筑物的施工，使用了特殊设计的物料提升机。早期物料提升机的产品形式多为井字架和龙门架，井字架物料提升机的吊盘在架体的内部运行，其顶部往往带人工拉动的摇头，以解决吊笼内不能装载物料的水平运输的问题；而龙门架是由两根立柱作为导轨架，吊盘在两根立柱的中间运行，以安装在地面的卷扬机为动力，实现垂直运输；以一道或两道缆风绳，使架体与地锚或建筑物固接，以保证架体或导轨架的稳定。

因当时物料提升机的架体结构普遍采用角铁、建筑钢管等制作，焊接质量差、加工精度低、使用的钢材质量得不到保证、架体安装后刚度不够；还有安全装置不可靠或没有设置安全保险装置（如当时的防坠装置工作不可靠，起重量限制器装置不易设置等）；在施工现场使用时，卷扬机易乱绳、安全门不规范、通信联络装置不易到位等，所以物料提升机使用的安全风险很大。1992年建设部组织编写了《龙门架及井架物料提升机安全技术规范》JGJ 88—2010，于 1993 年 8 月 1 日开始执行，然后 2010 年又进行了修订，于 2011 年 2 月 1 日执行新的规定。2003 年 3 月国务院颁布了《特种设备安全监察条例》（国务院 373 号令），物料提升机作为建筑施工的起重机械，它的制造实行了许可证的制度。因此，物料提升机应由专业制造商制造，经检验合格出厂后，方能在建筑施工现场使用。2007 年 6 月 14 日，《建设部关于发布建设事业"十一五"推广应用和限制禁止使用技术（第一批）的公告》（建设部公告第 659 号）的颁布，明确禁止在建筑施工现场使用自制的物料提升机。2007 年 9 月 12 日，《关于发布江苏省建筑施工限制禁止使用技术和设施产品（第一批）的公告》（苏建管质〔2007〕87 号），禁止"单轨井架物料提升机"和"扣件式钢管井架"在建筑施工现场使用。

近年发展起来的 SC 型的物料提升机，以其制造方便，结构简单合理，安全性能较高，造价相对低廉，能满足多层和小高层建筑施工的要求，深受建筑施工企业的欢迎，有比较大的市场潜力。随着科学技术的发展，制造成本的下降，各种原应用于人货两用施工升降机的技术，进一步地移植到物料提升机上，有的还在开发可以遥控操作的物料提升机等。

第二节　物料提升机的分类

物料提升机可按架设高度、结构形式、传动方式和架设方式等进行分类。

1. 按架设高度分

物料提升机按架体的使用高度分为高架提升机和低架提升机，高低架的物料提升机的安全使用技术要求，有不同的规定。

（1）低架物料提升机：提升高度在 30m 以下（含 30m）为低架。

（2）高架物料提升机：提升高度在 30～150m（不含 30m）为高架。

2. 按结构形式分

按物料提升机按结构形式分为单立柱物料提升机和多立柱（或多井孔）物料提升机。

（1）单立柱物料提升机

单立柱的物料提升机又分为吊笼在立柱内运行和吊笼在立柱外运行的两种类型。

1）吊笼在立柱内运行的物料提升机。俗称"井字架"的物料提升机就是单立柱的结构形式，立柱结构用角钢和联接板等拼装而成，吊笼在立柱井孔内沿轨道运行，顶部带摇臂可有限地进行水平运送物料，主要借助缆风绳稳固立柱。此种形式的物料提升机因安全性能低，已经被淘汰。现在建筑施工现场的单立柱物料提升机，一般不带摇臂，不使用缆风绳进行附着。

2）吊笼在立柱外运行的物料提升机。吊笼在立柱外运行的物料提升机，可分为单吊笼和双吊笼物料提升机。此立柱既作为物料提升机的主体受力结构，又作为吊笼的导轨架来使用。立柱的形式有三角形的，有矩形的。目前建筑施工现场比较常见的是使用矩形立柱的物料提升机，有用钢丝绳进行传动，也有使用齿轮齿条进行传动的，发展的趋势是使用齿轮齿条进行传动的物料提升机（即 SC 型）。

（2）多立柱（或多井孔）物料提升机

多立柱（或多井孔）物料提升机，又可分为双立柱外吊笼、三立柱外双吊笼、双立柱内双吊笼（双井孔双吊笼，即俗称"双吊笼井字架"）等形式，这里将每个井孔视为单个立柱。目前，建筑施工现场一般很少使用双立柱内双吊笼的物料提升机，超过双立柱内双吊笼的物料提升机，如：三井孔立柱三吊笼或多井孔立柱多吊笼物料提升机等，极少使用。

1）双立柱外吊笼、三立柱外双吊笼的物料提升机，就是俗称"龙门架"的多立柱物料提升机，吊笼均在立柱外侧沿轨道作垂直运行。此类物料提升机在我国应用较少，如图 8-1 和图 8-2；其中图 8-2 采用不带安全防护顶棚的吊盘，目前已经禁止使用。

图 8-1　SSE型单笼物料提升机　　图 8-2　SSE型双笼物料提升机

2）双立柱内双吊笼（双井孔双吊笼，即俗称"双吊笼井字架"）等形式的物料提升机，是双吊笼在立柱（井孔）内部，沿导轨作上下垂直运输。双立柱（井孔）共用一面的结构承载，同时起导轨架的作用。

3. 按机械传动方式分

按机械传动方式分为钢丝绳传动（SS）和齿轮齿条传动（SC）物料提升机，大部分制造商都称为货用施工升降机。

（1）钢丝绳传动（SS形式）物料提升机，可分为卷扬机驱动和曳引机驱动。在建筑施工现场，这类物料提升机比较常见。采用卷扬机驱动的物料提升机，卷扬机基本安装在物料提升机的底部，并通过浇筑混凝土基础来专门安装卷扬机，以确保卷扬机和其基础的重量能提升吊笼及物体的重量。采用曳引机驱动的物料提升机，因曳引机卷筒上钢丝绳的两端，分别连接负载和配重，负载和配重的重量在一个合理的范围内，这样曳引机不需要像卷扬机那么大的功率来驱动，选择合适功率的曳引机，即可实现重物上下运输。曳引机驱动的物料提升机相对比较节能，但其附属部件较多，安装比较繁琐。

（2）齿轮齿条传动（SC 形式）物料提升机，为近年来兴起的参照施工升降机部分标准要求设计的施工机械，立柱由焊接而成的钢结构标准导轨架节组成。标准导轨架节的侧面安装有齿条，通过螺栓连接组合成吊笼的立柱（导轨），可安装单吊笼或双吊笼，沿此导轨作垂直运动。

4. 按架设立柱的方式分

按架设的立柱方式分为自升式物料提升机和非自升式物料提升机。建筑施工现场一般使用自升式物料提升机。

第三节　物料提升机基本构造

1. 物料提升机的型号命名规则

（1）物料提升机的型号命名，采用施工升降机的型号命名方式。物料提升机型号由组、型、特性、主要参数和变型更新等代号组成。

型号说明如下：

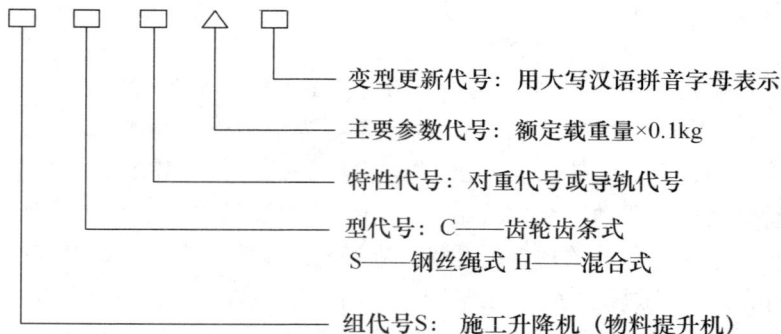

变型更新代号：用大写汉语拼音字母表示

主要参数代号：额定载重量×0.1kg

特性代号：对重代号或导轨代号

型代号：C——齿轮齿条式
　　　　S——钢丝绳式　H——混合式

组代号S：施工升降机（物料提升机）

主要参数代号：单吊笼物料提升机只标注一个数值，双吊笼物料提升机标注两个数值，用符号"/"分开，每个数值均为一个吊笼的额定载重量代号。

特性代号：表示物料提升机两个主要特性的符号。对重代号：有对重时标注为 D，无对重时省略。

导轨架代号：导轨架为三角形截面标注 T，矩形或片式截面省略；倾斜式或曲线式导轨架则不论何种截面均标注 Q。对于 SS 型物料提升机，导轨架为两柱或多立柱时标注 E，单柱导轨架内包容吊笼时标注 B，不包容时省略。

例：钢丝绳式物料提升机，双吊笼有对重，一个吊笼的额定载重量为 2000kg，另一个吊笼的额定载重量为 2500kg，导轨横截面为矩形，表示为：SSD200/250。

例：钢丝绳式物料提升机，单柱导轨架横截面为矩形，导轨架内包含一个吊笼，额定载重量为 3200kg，第一次变型更新，表示为：SSB320A。

例：钢丝绳式龙门架式物料提升机，双柱导轨架横截面为矩形，一个吊笼，额定载重量为 3200kg，第一次变型更新，表示为：SSE320A。如图 8-3 为某物料提升机的技术参数表。

项　目	参　数	项　目	参　数
额定提升质量	2×800kg	吊杆提升质量	200kg
额定提升速度	36m/min	最大附着高度	60m
标准节尺寸	0.9×0.9×1.98m	标准节质量	121kg
吊笼内尺寸	3.05×1.28×2.1m	吊笼质量	2×500kg
电机型号	YEZ132M-4	电机功率	7.5kW×1×2
输入电压	380V(±5%)	工作环境温度	-20℃~40℃
对重质量	700kg	整机质量	7800kg(60m)

说明：工作环境温度-20℃~40℃；工作电压偏差±5%风速不大于13m/s，根据用户需要，还可提供其他型号的施工升降机。

图 8-3　物料提升机技术性能参数

（2）物料提升机的常见实物形式

目前施工现场常用的物料提升机的形式有：SSB100 型，SSD80/80 型和 SC100/100 型，分别如图 8-4～图 8-6 所示。下面就常用的三种物料提升机分别介绍其基本构造和工作原理。

图 8-4　SSB 型物料提升机

图 8-5　SSD 型物料提升机的两种示例形式

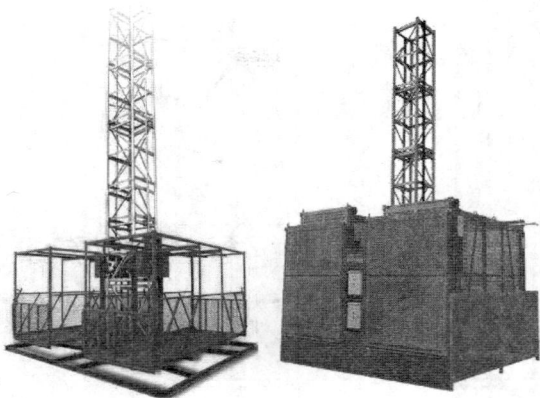

图 8-6　SC 型物料提升机

2. SSB100 型物料提升机基本构造及工作原理

SSB100 物料提升机由吊笼、结构架体、天梁架、底架和卷扬机构、绳轮系统、防护围栏、附墙装置以及电气系统构成。SSB100 物料提升机的主要技术参数有：

额定载重量：1000kg

额定运行速度：25m/min

独立高度：12m

最大安装高度：42m

吊笼尺寸（长×宽×高）：1.95m×1.60m×2.50m

标准节截面尺寸（长×宽）：2.20m×1.80m

卷扬机型号（1 台）：JK-1.5

电机功率：7.5kW

卷扬机卷筒直径：ϕ280mm

卷扬机起重钢丝绳型号：6×19-12-1670-Ⅰ甲镀右铰（GB/T 8918）

卷扬机容绳量：200m

基础中心至附墙面距离：2500～3000mm

（1）SSB100 型物料提升机基本构造（图 8-7）

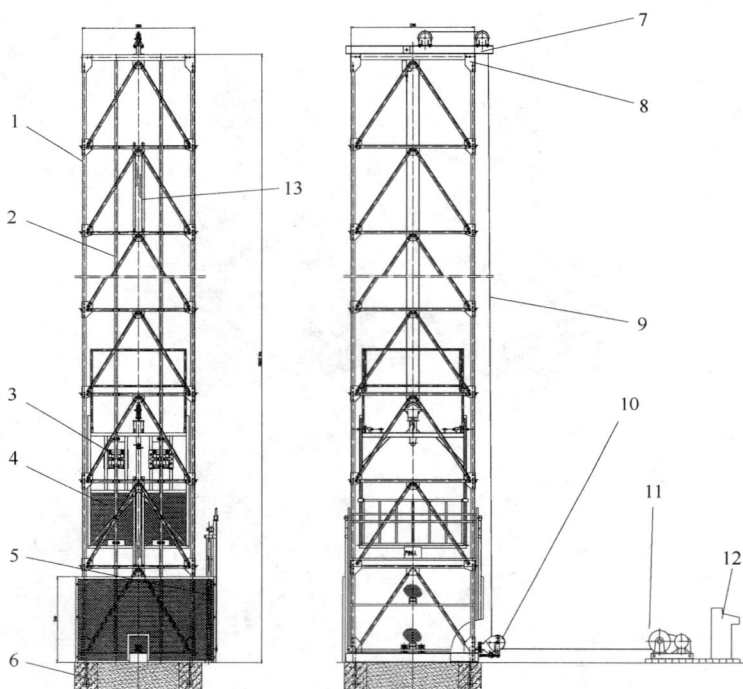

图 8-7　SSB100 物料提升机总装示意

1—结构架体；2—导轨；3—安全防坠器；4—吊笼；5—防护围栏及进料门；
6—底架及基础；7—天梁架及天轮；8—架体连接板；9—牵引钢丝绳；
10—导向滑轮；11—卷扬机；12—电器控制操纵台；
13—高度限位和极限限位撞块

1）物料提升机结构架体与导轨

结构架体由立柱、水平腹杆、斜腹杆通过连接板（图 8-8）和螺栓副组装而成，其内部两侧各安装两根导轨（图 8-9），用于吊笼的导向。结构架体的立柱角钢一般为 L70×70×7，每根长度 3m，水平腹杆、斜腹杆角钢均为 L50×50×5，所有螺栓副的预紧力矩不小于 40N·m。由于结构架体由散件组成，直接与基础上底架连接，因此既便于运输又安装方便。此内置式物料提升机，需采取在各楼层的卸料出口处拆掉水平横杆、斜撑的方式开口出料，这对物料提升机架体的稳定性有很大的影响，尤其是连续开口时不采取加强措施，会造成架体的失稳坍塌，因此在开口处应安装加强横杆。此种物料提升机的结构架体非出料部分，在正常使用时，应进行围挡和封闭。

图 8-8　结构架体连接板

图 8-9　导轨

2）吊笼

吊笼是由型钢组合焊接而成，再用金属网片对结构架体两侧进行围护的钢结构体。吊笼底板焊以 3mm 厚的，具有防滑、排水功能的花纹钢板，其强度在承受 125％额定荷载时，不会产生永久变形；吊笼前后制造成进出料门，组成立方体笼状物体（图 8-10 和图 8-11）。吊笼顶部采用厚度为 1.5mm 的冷轧钢板，并设置钢骨架，在任意 $0.01m^2$ 面积上作用 1.5kN 的力时，不会产生永久变形；吊笼结构架体分别安装有：导向滚轮组、顶部滑轮组、安全防坠器（断绳保护器）以及停层防坠落装置等。导向滚轮组安装在吊笼架体的两个侧面，使吊

图 8-10　吊笼

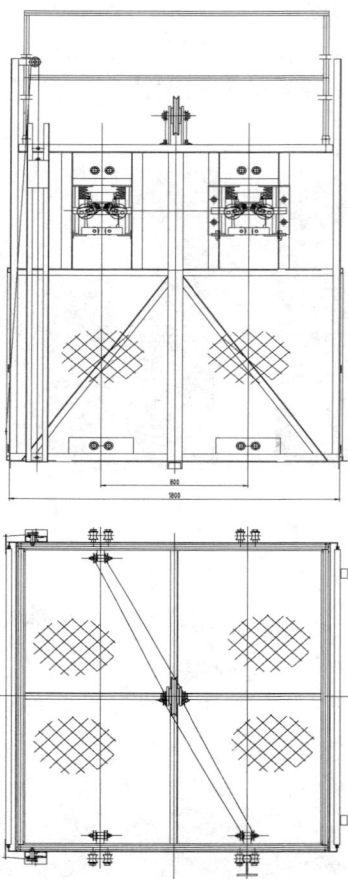

图 8-11　吊笼示意

笼沿物料提升机结构架体的导轨运行；顶部滑轮组安装在吊笼结构架体的顶部，用以卷扬机构牵引吊笼；安全防坠器（断绳保护器）安装在吊笼架体的两侧，用来防止在卷扬机构起重钢丝绳断绳时，把吊笼锁住在导轨架上的装置，以避免吊笼坠落；停层防坠落装置安装在吊笼架体的底部，当吊笼运送物料到达所需楼层，随着吊笼出料门的打开，停层防坠落装置可自动或手动勾住物料提升机结构架体的水平横杆，使吊笼不至于因卷扬机制动不紧而长距离下滑，以保证出料人员的安全。

吊笼是物料提升机的工作装置，用以装载物料沿物料提升机导轨作上下运动，完成物料的垂直运输。吊笼内净高不小于 2m。吊笼门的开启高度不小于 1.8m，四周应封闭。

3）天梁架

天梁架安装在物料提升机结构架体的顶部，与结构架体连接。天梁架一般由两根 14 号槽钢相背焊接而成，在天梁架约中间和边的位置，分别安装两组滑轮，用于起重钢丝绳连接吊笼和卷扬机，牵引吊笼作上下运行，天梁架是直接承受吊笼及工作载荷重量的受力构件。天梁架上，一般安装有防钢丝绳松弛或断绳的装置，如因卷扬机松绳过多或断绳或卷扬机故障不停机，此装置应能切断电源，使卷扬机停止运转。防松绳装置可安装在物料提升机底架滑轮处。

4) 底架（也称底盘、底座、地梁等）

底架由 12 号槽钢拼焊而成。底架下部的四个拐角焊有四块钢板，用以与物料提升机基础预埋螺栓连接，同时安装结构架体时，立柱也由底架侧面开始架设。另外，在底盘上还焊有可转动滑轮座，用以安装滑轮，使卷扬机钢丝绳实现可在一定范围内变向，以适应卷扬机、底座滑轮和天梁滑轮的相互位置。底架是承受物料提升机全部荷载的基础件，通过地脚螺栓安放在物料提升机的混凝土基础上。

5) 附墙装置（图 8-12）而缆风绳（图 8-13）

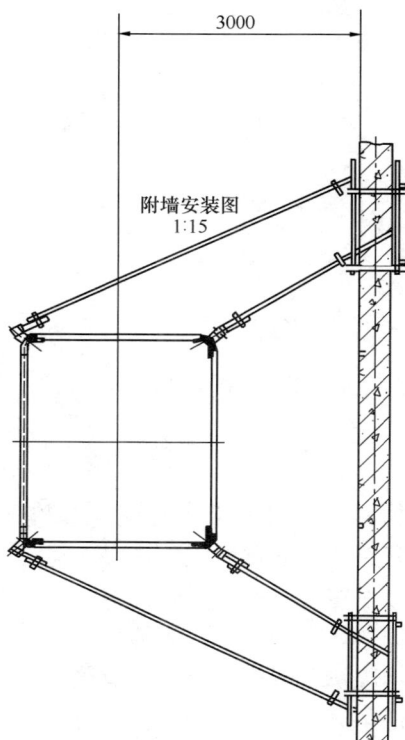

图 8-12　附墙装置示意

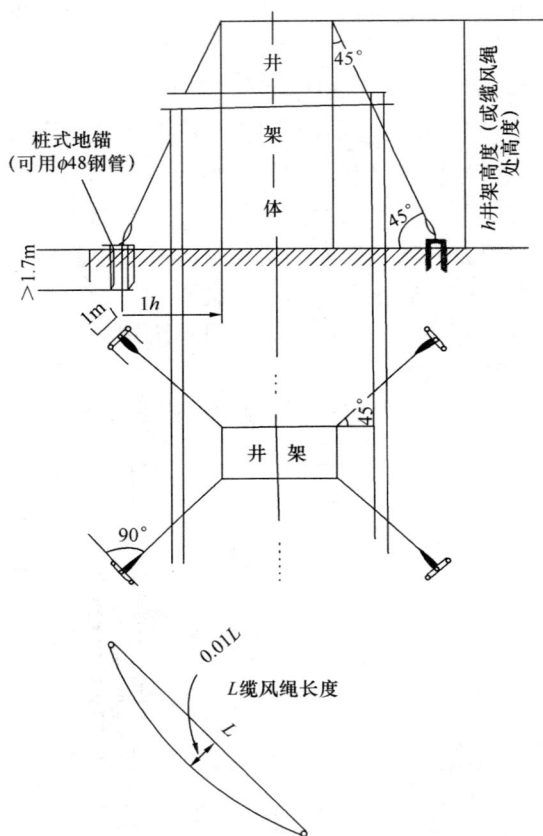

图 8-13　缆风绳布置示意

附墙装置是物料提升机的架体与建筑结构部分之间的连接架，由附墙杆和建筑物上的预埋铁件构成。在物料提升机的架设和使用过程中，按一定间隔高度用附墙架将物料提升机的架体与建筑物主体连为一体，从而确保架体的自身稳定。在架体竖立和使用过程中，架体除承受垂直的重力等荷载并传给基础外，还要承受因风力产生的风载、吊篮的偏载及运行中因轨道间隙过大而产生水平荷载。当使用高度超过一定的范围时，物料提升机会因立柱的细长比过大而发生压杆失稳，造成架体变形而发生坍塌事故。附墙装置的作用，就是缩小立柱高度方向的间距，降低立柱的计算长度，以提高架体结构的稳定性能。

附墙杆与建筑物的连结方式及设置位置，应根据施工现场的具体情况及建筑物的结构、形状，在安装方案中事先考虑，不允许将物料提升机结构架体与外脚手架连结。架体结构附墙装置的垂直和水平间距不可随意设置，必须按图纸规定的尺寸，应随架体的升高及时安装。物料提升机附墙架布置方案及安全使用，参照物料提升机说明书等相关内容。

当物料提升机架体的高度超过设计规定时，架体每小于6m高度应设置一道附墙装置。附墙装置的一端与结构架体固接，另一端应与建筑物结构内的预埋件或穿墙螺栓可靠连接。此类型的附墙装置一般使用建筑脚手钢管与建筑物进行连接，连接装置应牢固可靠。

物料提升机在架体架设超过一定高度时，也有使用缆风绳进行结构架体锚固的。采用缆风绳进行锚固的物料提升机，在20世纪80年代时应用较多，目前较少使用。一般在暂时无法安装附墙架时，用缆风绳稳固物料提升机架体结构。缆风绳式的结构架体锚固，只适用于吊笼在立柱内部运行的物料提升机。当架体高度不大于20m时，应在顶端设一组缆风绳。高度在20～30m时应不少于2组，超过30m高度，禁止架体使用缆风绳锚固。经计算缆风绳应使用直径大于9.3mm的钢丝绳，可以满足承受风载荷的要求。缆风绳的地锚装置，应参照相关规定可靠设置。

缆风绳的布置图如图8-13所示。四角应对称布置，地锚离井架四角的距离一般为井架高度，而第二组应为该组缆风绳固定位置的高度，这时缆风绳与地面（或与架体）间的夹角为45°。如果需要缩短该距离也是可以的，但与地面形成的夹角不得大于60°。四角4根缆风绳的受力应均匀，也就是它们的张紧度应一致。一般用缆风绳的垂度来判别张紧度。试验表明，当垂度直偏差为0.01L长时，一般缆风绳的张紧度正合适。调节钢丝绳的张紧度禁止同边两根按顺序收紧，应当对角的两根（最好同时）收紧（或放松），使垂直度偏差保持相等并均匀，以 0.10L 为宜。花篮螺丝选用与缆风绳相匹配的型号。

地锚是物料提升机架设中用于固定缆风绳、卷扬机及导向滑轮的装置。地锚埋设的可靠与否，直接影响着其固定的缆风绳、卷扬机及导向滑轮的安全工作。常有因地锚布置不当或受力达不到要求而发生移位变形，造成架体歪斜甚至倒塌的事故发生。所以在选择缆风绳、卷扬机及导向滑轮的锚固点时，要视土质情况，再决定地锚的形式和做法。地锚一般分水平地锚、桩式地锚和重力地锚。

① 水平地锚：水平地锚是用一根或几根圆木捆绑在一起，横向埋入土内，深度根据受力大小和土质情况而定，一般不小于1.5m。挖坑到预计深度时，将道木横卧在坑底，在道木中间捆绑钢丝绳，绳从坑前槽引出与缆风绳连接，通过花篮螺栓，以此来收紧缆风绳。水平地锚应埋设在干燥的地方，排水良好，防止积水浸泡降低土壤的摩擦力从而减小地锚的拉力。木材应选用硬杂木，若使用时间长，须用煤焦油对木材进行防腐处理，填埋时须分层夯实。

② 桩式地锚：桩式地锚常采用圆木、钢管或角钢作为地锚的材料，成一排或两排竖向埋入土内而成。在土质较好，龙门架高度较低，起重量不大的情况下，也可用打入地锚桩的做法，可利用脚手架钢管或型钢，用大锤直接打入土内，入土深度不小于1.7m，平行打入两根，间距可在 1m 左右，钢管顶部必须有钢丝绳防脱出措施，缆风绳与平行的两根立管绑牢，使两根立管共同工作。应注意不得将两根立管贴在一起并排打入，也不得前后打入。从试验中看，前后打入的地桩，只相当于一根桩受力，后面桩只起保险作用。

③ 重力式地锚：锚桩使用期较长时，可采用重力式地锚。重力式地锚常采用混凝土制成，用预埋的地脚螺栓或挂环固定缆风绳或卷扬机。

除上述几种形式外，还可利用建筑物的梁、柱或设备基础作为临时地锚，但必须经过计算以确保安全。不得利用树木、电杆或脚手架作为地锚使用。

6）防护围栏和围栏门（图 8-14）

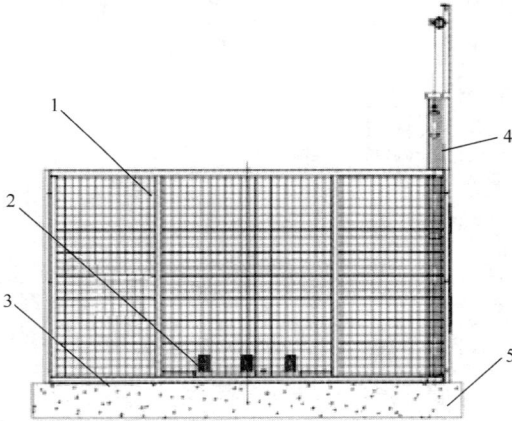

图 8-14　防护围栏和围栏门
1—防护围栏；2—缓冲装置；3—底架；4—进料口门
（外围栏门）；5—混凝土基础

架体底部防护围栏为钢丝网护栏，围栏底部与底架相连。在底部围栏进料口处设有围栏门，并安装有机电联锁装置，在吊笼运行时围栏门无故开启，吊笼将停止运行，以防止人员进入物料提升机架体内部，造成人身伤害的安全事故。

防护围栏和围栏门应符合下列规定：

① 物料提升机地面进料口应设置防护围栏，防护围栏高度不应小于 1.8m，围栏立面应采用钢网板结构，孔径应小于25mm，其任意 500mm² 的面积上作用 300N 的力，在边框任意一点作用 1kN 的力时，不应产生永久变形。

② 进料口门的开启高度不应小于 1.8m，门的强度须符合上述规定。进料口门应装有电气安全开关，吊笼应在进料口门关闭后才能启动。

7）导轨与导靴

导轨是吊笼的运行轨道，为吊笼的运动起导向作用，以保证吊笼上下运动平稳而不产生摆动。导轨设置在立柱内侧的相对两面，采用工字钢或钢管（图 8-9）制成，亦有利用立柱的立杆兼作导轨，物料提升机的导轨有单滑道和双滑道两种。导靴安装在吊笼的两侧，与立柱上的导轨配合使用，导靴按其工作方式可分为滑动导靴和滚动导靴。

8）设备基础（图 8-15）

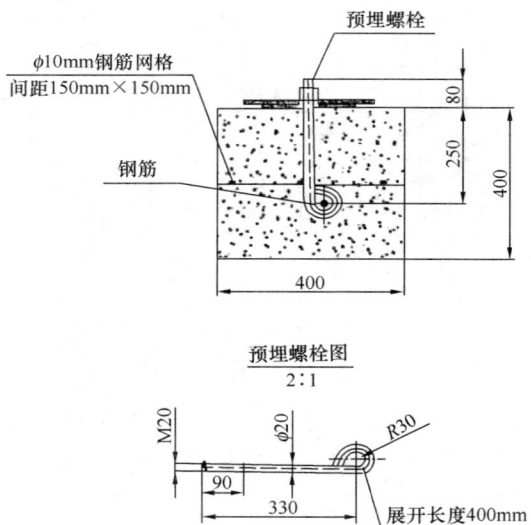

图 8-15　物料提升机基础示意

物料提升机基础是机械设备的重要组成部分，只有做好设备基础，才能保证机械设备的正常使用。设备基础出现问题，会导致物料提升机的架体不稳定，严重时可能导致坍塌等发生。所有的起重机械的基础，说明书都作了比较详细的要求，规定了具体的技术数据。一般对起重机械设备基础有以下要求：

① 基础地基的地耐力：即机械设备在各种状态下，基础地基对所有荷载的承受能力，一般物料提升机基础地基的承载力要

求不小于 0.10MPa，即 $10t/m^2$。如果地基的承载力达不到说明书规定的要求，经计算后，可采取加大混凝土基础的接触面积或对地基进行加固等措施。

② 对混凝土的强度、预埋件及其位置、基础的外形尺寸和水平度误差等，在说明书中应有具体要求。混凝土的强度一般要求为 C25，基础水平度一般要求不超过 2mm，预埋件的相对位置误差一般也要求不超过 2mm，预埋件在垂直方向上的误差不超过 5mm 等。

③ 对机械设备基础在使用过程中有排水的要求。机械设备的基础不允许积水，一是会影响地基的承载力，二是会腐蚀机械设备基础金属件等。因此在实际安装使用过程中，要求事先编制方案，有合理的排水措施，按方案施工作业并进行验收，过程中还应加强巡查等。

（2）SSB100 型物料提升机的工作原理

工作原理：接通电源，电动卷扬机带动钢丝绳，以额定的速度将钢丝绳卷入卷筒，钢丝绳通过滑轮组的变向，使吊笼在架体内部，沿导轨向上运动，以达到运送所需物料目的；需要吊笼下降时，接通电源，电动卷扬机的卷筒反转，以额定的速度释放出卷筒内的钢丝绳，由于吊笼自重的作用，带动钢丝绳拉出卷扬机的卷筒，使吊笼在架体内部沿导轨向下运动，以到达所需的位置。

SSB100 型物料提升机的工作系统由起升机构、金属结构体系、安全保护系统和控制系统组成。其中由卷扬机、钢丝绳和导向滑轮、吊笼组成起升机构，由钢丝绳和导向滑轮组成绳轮系统（图 8-16），由结构架体、导轨、天梁、附墙装置、底座和基础等组成金属结构体系，由各限位装置、安全保护装置、围护装置等组成安全保护系统，由操纵台、影音监控装置、电控箱和电气线路组成控制系统等。

1）绳轮系统

SSB100 型物料提升机的绳轮系统如图 8-16 所示，由起升机

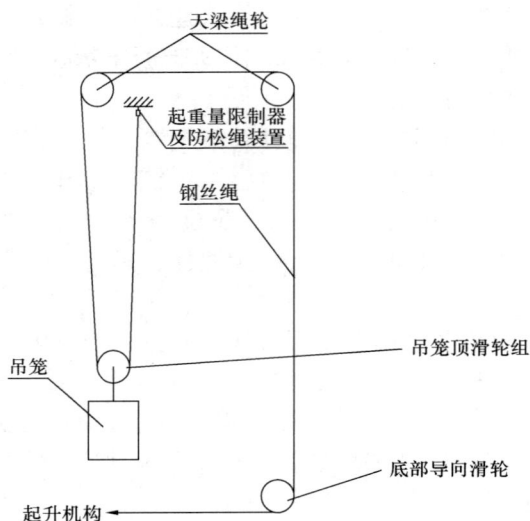

图 8-16　物料提升机绳轮系统图

构、钢丝绳、导向滑轮（天轮）、滑轮组（增减倍率）和吊笼等组成。绳轮系统一端连接卷扬机，另一端连接吊笼，是实现动力能量转换的装置。由电能转换成机械能到物的势能的过程，就是将物料提升机的吊笼和施工材料，从底部运送到需要位置的过程。

2）滑轮和滑轮组

滑轮是物料提升机中引导钢丝绳按一定方向运动的重要部件，由轮轴和绕轴转动的滑轮体构成。滑轮体采用铸铁、铸钢或用钢板冲压成型后焊接制成，现采用工程塑料制造的滑轮，也被广泛使用于各种机械设备中。工作时轮轴不做上下移动或水平移动的滑轮称为定滑轮，其作用只是改变钢丝绳的受力方向，故又称为转向滑轮。工作时轮轴随吊重物体一起移动的滑轮是动滑轮，单个动滑轮可使钢丝绳的受力大约减半，这样可以选择额定起重力小一点的卷扬机，所以又称为省力滑轮。动滑轮和定滑轮相对存在，如组成动滑轮组和定滑轮组，可使钢丝绳的拉力成倍地减少。物料提升机天梁上的天滑轮与装在架体底部的地滑轮均为转向滑轮，吊笼顶部的提升滑轮是省力滑轮。钢丝绳通过天滑轮、底座滑轮及吊笼上的提升滑轮穿绕后，一端固定在天梁的销轴上，另一端与卷扬机卷筒锚固。

钢丝绳通过滑轮时要受到弯曲，滑轮直径越小，钢丝绳通过时所受弯曲越大，所以滑轮直径过小更容易造成钢丝绳的疲劳断丝或过大的弯曲，使钢丝、绳内钢丝与钢丝之间的磨损加剧。为保证钢丝绳的使用寿命，滑轮的直径大小应根据所用钢丝绳的直径来选用。按照《龙门架及井架物料提升机安全技术规范》JGJ 88规定，物料提升机滑轮直径应不小于 $30d$（d 为钢丝绳的直径）。

3）卷扬机

卷扬机是物料提升机的动力驱动装置，设置在地面上，依靠钢丝绳经过滑轮牵引吊笼沿导轨上下运行。SSB100 型物料提升机采用 JK1.5 型建筑卷扬机，额定起重量为 1.5t，可容纳直径 $\phi12$ 的钢丝绳 200m。卷扬机（图 8-17）由电动机、联轴器、电磁制动器、齿轮减速箱、钢丝绳卷筒和底座等组成，电动机接通

图 8-17 卷扬机

1—7.5kW 电动机；2—钢丝绳卷筒；3—机构底座；4—电磁制动器；
5—制动轮（联轴器）；6—齿轮减速箱

电源的同时，制动器也接通电源打开，动力通过联轴器（制动轮和联轴器合二为一）传递给齿轮减速箱（图 8-18）Ⅰ轴，由Ⅰ轴的 1 号齿轮传递给 2 号齿轮，2 号齿轮传递给Ⅱ轴，Ⅱ轴传递给 3 号齿轮，3 号齿轮传递给 4 号齿轮，4 号齿轮传递给Ⅲ轴，再由Ⅲ轴通过联轴器，把动力传递给钢丝绳卷筒轴，直至驱动物料提升机的钢丝绳等。

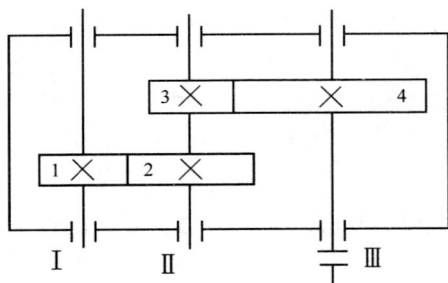

图 8-18　齿轮减速箱传动示意

4）制动器

使正在运动的物体、部件停止不动或减速，以及使欲运动的静止物体保持静止的装置，这种装置就是制动器，制动器就是人们常说的刹车。制动器应用非常广泛，物料提升机卷扬机中的制动器既是起重时的控制装置，又是安全装置，是物料提升机起升机构的重要组成部分。

SSB100 型物料提升机卷扬机的制动器是常闭的电磁推杆式制动器，通过制动块和制动轮机械式的摩擦，使物体或部件制动。当机械设备处于非工作状态时或停止时，制动器使被制动的部件静止，不使该部件有运动的可能，这种制动器为常闭式制动器，相反，则为常开式制动器。如物料提升机中的物料提升到位或吊笼处于底部时（下班停机），起升机构停止工作时，制动器处于制动的状态，这就是常闭式制动器。

推杆制动器工作原理：

推杆制动器的工作原理比较简单（图 8-19）：卷扬机断电停

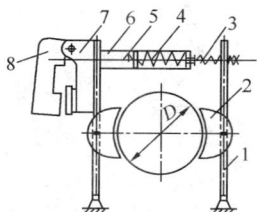

电磁 推杆制动器

1—支柱； 2—制动块； 3—螺杆； 4—弹簧；
5—顶杆；6—导向架；7—电磁铁芯；8—衔铁

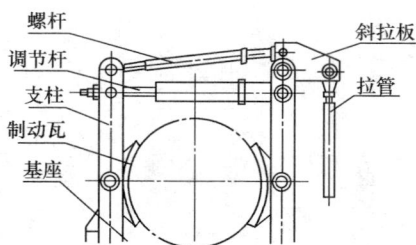

推杆制动原理图

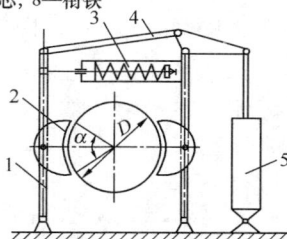

液力推杆制动器

1—支柱； 2—制动块； 3— 弹簧；
4—摇杆； 5—液压推杆装置

图 8-19　推杆制动器原理示意

止时，预紧弹簧产生的预紧力通过杠杆（也称推杆）系统（平面连杆机构），把制动力传递给制动块，制动块通过摩擦片紧紧地抱住运动部件（制动轮），产生较大摩擦阻力，使运动部件减速或停止运动，并保持静止状态，制动器自动闭合。卷扬机通电运行时，给电磁线圈或液力电机通电，产生电磁力或液力推动预紧弹簧上的杠杆，使制动块与制动轮松开，制动器被打开。单个制动块对制动轮轴压力大且不匀，所以采用一对制动块，使制动轮轴上所受制动块的压力两侧均匀，相互抵消，这样对轴产生的弯矩极小，对机构的正常运行极为有利。对称的两块块式制动器一起作用，形象地称为抱闸。

JK 型建筑用卷扬机所用的制动器为 JWZ 型短行程交流电磁铁块式制动器（如图 8-20 所示），将制动线圈和电磁衔铁直接安装在制动臂上。工作通电时，动铁芯绕销轴转动实现松闸；磁铁断电时靠主弹簧紧闸。这种制动器结构紧凑，紧闸和松闸动作快，但冲击力大，适用于小起重量机构的制动器。

长行程块式制动器可以通过制动杠杆系统产生大的松闸力，但制动动作慢，适用于大起重量机构的制动器。如：JCZ 型长行程交流电磁铁块式制动器和 YWZ 型液压推杆块式制动器（如图 8-19 右和图 8-20 实物左），其通电时，电动机带动叶轮泵产生液压，液压推动其上部的拉管和斜拉板（摇杆）（如图 8-19 右），使制动瓦松开（松闸），即解除制动；相反，断电时即制动，这是常闭式制动器。

建筑机械最常用的是液压式推杆制动器和电磁制动器，如图 8-20 所示。

液压推杆制动器　　　　　电磁制动器

图 8-20　制动器

5）电气控制原理

① 电气系统的组成

SSB100 型物料提升机电气控制系统由主回路和控制回路构成，操作按钮、接触器、继电器等均置于物料提升机操作台内，行程限位开关、电动机和制动器电磁线圈、影音监控摄像头等，按需要分别设置在吊笼、结构架体、天梁等处。操作台面板设置操控吊笼运行所需的各个按钮。电气控制系统原理示意图见图 8-21。

② 电器控制主回路和控制回路（二次回路）

主回路如图 8-21 中表的左侧部分，由 RL 熔断器、ZK 漏电断路器、C1 总控接触器和（C2、C3）正反转接触器的常开主触

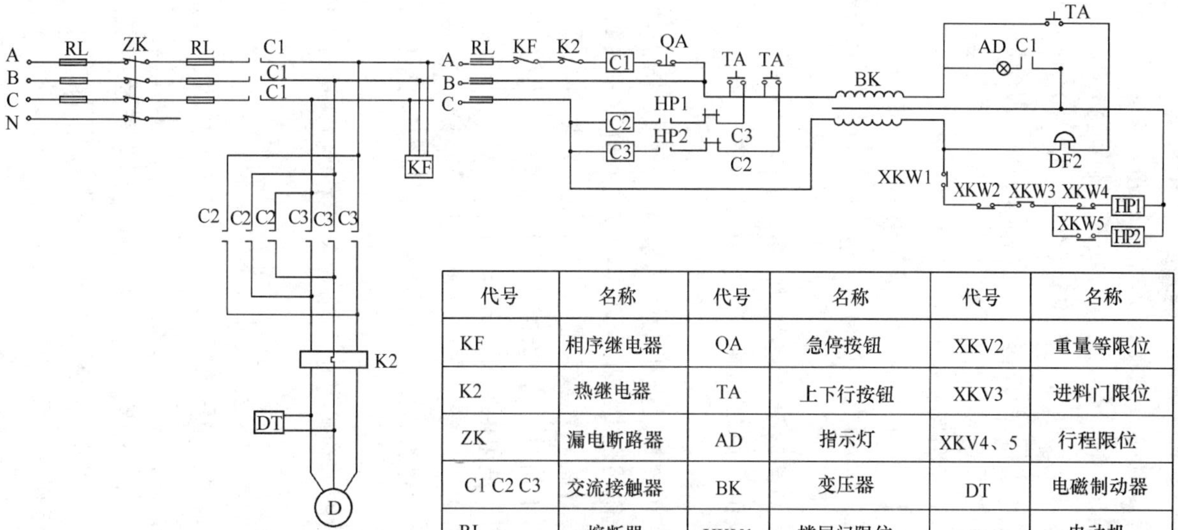

代号	名称	代号	名称	代号	名称
KF	相序继电器	QA	急停按钮	XKV2	重量等限位
K2	热继电器	TA	上下行按钮	XKV3	进料门限位
ZK	漏电断路器	AD	指示灯	XKV4、5	行程限位
C1 C2 C3	交流接触器	BK	变压器	DT	电磁制动器
RL	熔断器	XKV1	楼层门限位	D	电动机

图 8-21 SSB100 型物料提升机电气控制系统原理示意

头、D 电动机和 DT 电磁制动器、K2 热继电器 KF 相序继电器组成主回路，其他部分电器组成控制回路。主回路的电动机 D 和电磁制动器 DT 的运行、停止和松闸、制动等动作，一般由控制回路中的电器发出信号进行控制。当主回路中的热继电器和相序继电器等感知主回路存在过载、过流、电源相序错误时，可主动断开右侧控制回路总工作接触器电路，使电动机停止工作并进行制动。当漏电断路器和熔断器感知漏电和电路过流时，会自动切断和熔断主电路，以保护回路中的电器。

控制回路（二次回路），如图 8-21 中表的上部，由交流接触器的控制线圈（C1、C2、C3）、继电器和继电器的触点（HP）、急停按钮（QA）、起升下降和电铃按钮（TA）、各种（重量、松绳、极限限位和高低程限位、门限位等）行程开关（XKV）等组成，按钮、继电器和交流接触器安装在电气操控箱内，各种行程开关安装在物料提升机的结构架体、天梁、围护门等位置。各种按钮由操作司机发出指令动作，按住起升按钮（TA），即使物料提升机提升物料，放开按钮即停止。如遇到失控等紧急情况，应立即拍下红色的紧急停止按钮（QA），如仍不能停止，须立即手动断开漏电断路器（ZK）等。

吊笼和结构架体还安装有各种限位的碰铁或撞块，用于吊笼、围护门因超过行程限制或吊笼载重超过额定重量，碰撞各种行程限位开关（XKV），使控制电路失电后，引起主回路断电，从而使卷扬机的电动机停止运转，达到保护物料提升机安全运行的目的。

③ 信号通信和影音监控装置

A. 信号装置：当司机操作时，其音量要能保证各楼层的装卸人员都能清晰听到。一般生产厂家用电铃（DF2）。

B. 通信装置：虽然可视安全系统可用手势向司机传达开动吊笼的信息，但更详细的联络，一般需要装设通信装置（语音对讲系统）。语音对讲系统一般有以下两种方式：

a. 最常用的双工有线通话方式

双工有线通话方式，其基本结构如图 8-22 所示。每一施工楼层靠物料提升机导轨架边装设通信用喇叭和话筒（两用话筒，内应装一个放音喇叭和一个拾音话筒），一般通过两条线引下进入控制台，控制台有专用通信语言放大器和控制收听和发话的转换开关或按钮。平常该系统处于楼层发话、操作台接收声音的状态，使司机可以随时听到楼层使用者的口令，以操作吊笼的上升、下降和停止等。如果有必要，司机可以按下控制台上的发话按钮，这时司机方变为发话方，楼层使用者就能听到司机的声音，进行简单的联系。

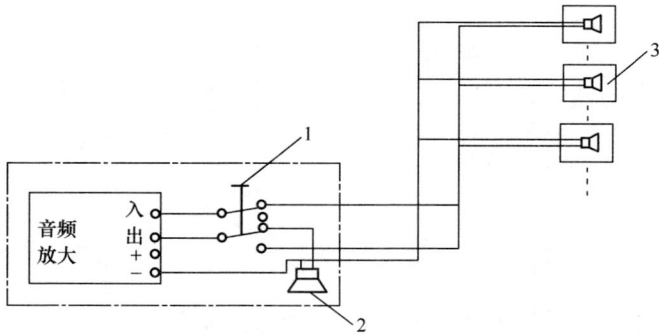

图 8-22　升降机上下通信系统示意
1—发话按钮；2—控制台；3—楼层两用话筒

这种通信方式如同使用对讲机一样，能满足施工现场的要求。另外还有一个好处，通信线不随吊笼移动，线路装设简单，使用可靠。但必须要合理地使用和妥当地保管，以防两用话筒的丢失和某些人隔层乱指挥，影响安全。

b. 装在吊笼内的两用话筒通信系统

将通信话筒装在吊笼内，通信话筒随吊笼移动，通信话筒装在吊笼内的优点：哪一层使用，这一层就可通话，不需要每个楼层都装一个两用话筒，但缺点是当非使用楼层要使用吊笼时，就无法联系。

c. 摄像监控装置

物料提升机的操作，一方面由于操作人员通常在地面，不随吊笼上下走动，不一定了解吊笼的停靠和装卸货情况；另一方面，往往会出现几个施工楼层因抢用物料提升机而隔层指挥，容易发生司机误操作。在物料提升机上安装可视监控系统，这种情况会有很大的改观。目前装在物料提升机上的可视安全监控系统分为有线和无线两种。无线系统由于抗干扰能力差，电池经常需要充电等缺点，使用较少。有线可视安全监控系统，如图 8-23 所示。一般由三部分组成：安装在吊笼上的摄像头 5，电缆引入装置 6、7、8 和显示器 3。

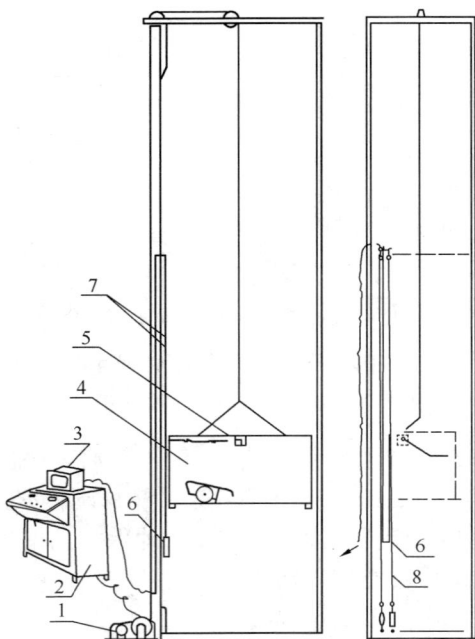

图 8-23　可视安全系统在物料提升机中的安装示意
1—卷扬机；2—自动控制柜；3—显示器；4—吊笼；5—摄像头；
6—电缆滑车；7—监控电缆；8—滑车轨道

3. SSD80/80 型物料提升机基本构造及工作原理

SSD80/80 型物料提升机，主要由导轨架、吊笼、自升平台、安装把杆、滑轮、钢丝绳、曳引机、对重、防护围栏及其他安全附件构成。主要技术参数见表 8-1。

主要技术参数 表 8-1

项目	单位	主要技术参数			
架设高度	m	独立高度	附着高度		
		12	30	50	80
吊笼提升高度	m	8	26	46	76
吊笼额定提升质量	kg	800			
额定提升速度	m/min	35			
标准节尺寸（长×宽×高）	mm	900×900×1988			
吊笼净空尺寸（长×宽×高）	mm	3000×1300×2000			
吊笼质量	kg	2×480			
对重质量	kg	2×710			
电机型号功率		YEE132S-4　5.5kW			
输入电压	V	380（±5%）			
工作环境温度	℃	-20~40			
整机质量	t	4.4	5.8	7.2	9.3

（1）SSD80/80 型物料提升机的基本构造（图 8-24）

SSD80/80 型物料提升机的实物见图 8-5，该机采用外置式双吊笼、双对重、双曳引机驱动的结构形式，双笼各自独立驱动，是单柱双外吊笼的结构形式，吊笼在立柱外侧运行，可自行架设升高，使整机运输效率成倍提高。

1）结构架体与导轨

导轨架由多个标准节（图 8-25）上、下按一定的方向相互连接而成，标准节两端各四个法兰连接焊板开有螺栓孔，用高强

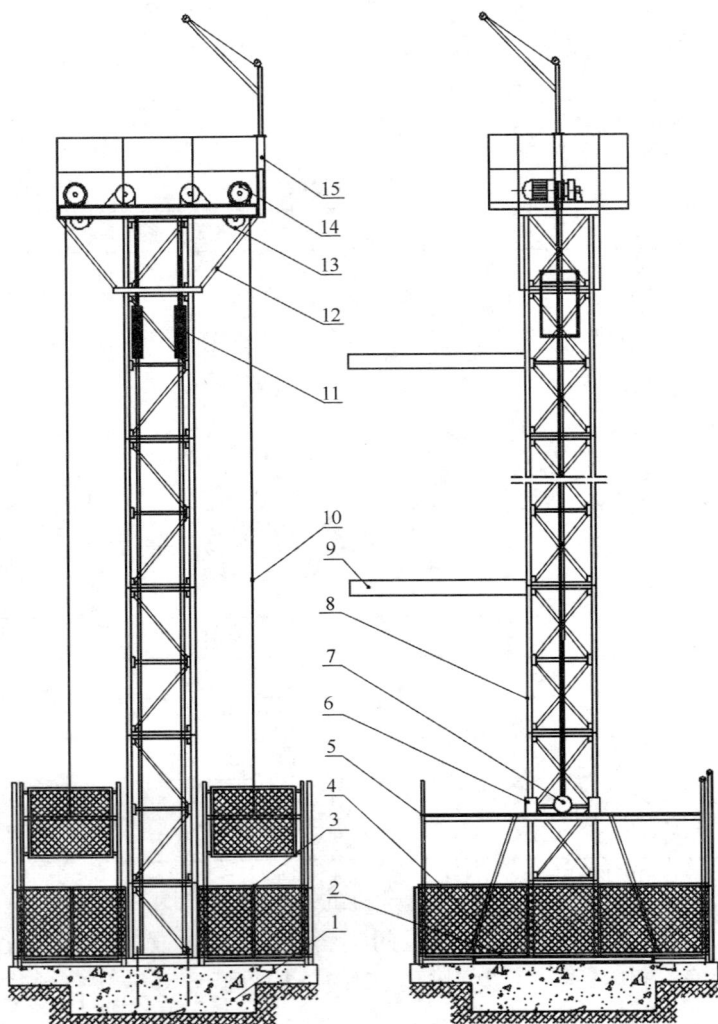

图 8-24 SSD80/80 型物料提升机总装示意

1—基础；2—底座；3—围栏门；4—围栏；5—吊笼；6—防坠器；7—超载保护；8—标准节；9—附墙；10—钢丝绳；11—对重块；12—自升平台；13—定滑轮；14—曳引机；15—安装把杆

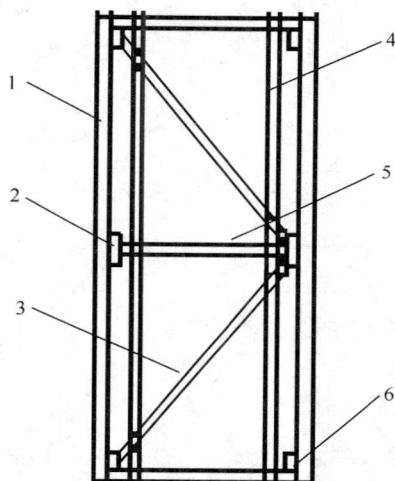

图 8-25　标准节（导轨架基本单元）
1—主肢（外吊笼导轨）；2—连接焊板；3—斜腹杆；
4—对重导轨；5—水平腹杆；6—法兰连接焊板

度螺栓连接相邻标准节组成物料提升机的主体结构。标准节的横截面是 900mm×900mm 的矩形，有四根长 1988mm 的无缝钢管作为标准节的主肢，通过连接焊板和四个面的水平、斜腹杆焊接组成，是不可再拆分的几何不变体。标准节四根竖向的钢管主肢，两两兼用作一对外吊笼上下运行的导轨。标准节内部相对的两面，也是与外吊笼导轨的同侧面内部，在水平腹杆上焊接物料提升机对重的导轨，供吊笼的对重上下运行。标准节一方面承受起重压力，起支撑作用；另一方面起导向作用，吊笼沿导轨在标准节外侧上下运动，对重块沿导轨在标准节内上下运动。

　　2）自升平台装置

　　物料提升机的自升平台装置安装在由标准节组成架体的顶部（图 8-26），是将型钢焊接成水平平台和竖向架体焊接成整体，竖向架体套装在标准节上，并与标准节可靠固定的装置。在自升平台装置的水平钢结构平台上，安装有摇头把杆、曳引机、滑轮和栏杆等，摇头把杆由把杆座、把杆组成，安装升高物料提升机时，用于提升标准节，是安装人员的起重工具。

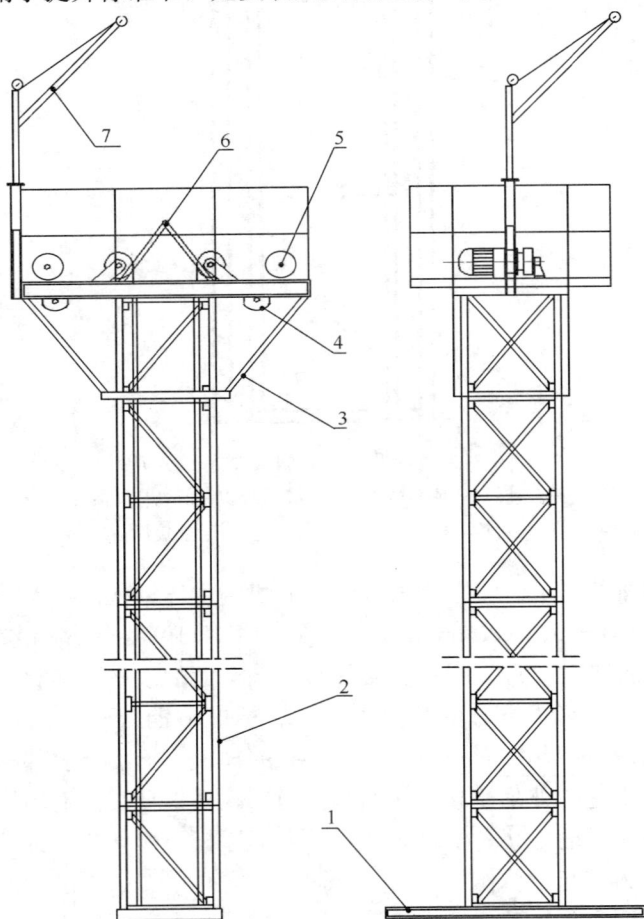

图 8-26　自升平台、结构架体和底座示意

1—底座；2—标准节；3—自升平台；4—定滑轮；5—曳引机；

6—辅助安装支架；7—摇头把杆

3）吊笼

吊笼（见图 8-27）是由型钢焊接而成的一个框架结构，是运送货物的一个篮子，又称吊篮。两侧有防护网，前有进料门、后有出料门，真正四面封闭，防止砖、石子从吊笼中滑落伤人。吊笼下降到底层时，前防护门自动打开。吊笼上设置了防坠安全器、超载保护、钢丝绳张力平衡装置、停层保护等保险机构；正常运行中如出现意外，钢丝绳断裂，防坠安全器动作，吊笼掣停在导轨上，防止坠落；超载保护在吊笼内，载荷超过额定载荷的1.1 倍时自动断电中止运行；张力平衡装置使曳引机上的三根钢丝绳自动保持张力相等，保证曳引驱动能力，减小曳引机磨损；出料门与停层保护联锁，打开出料门时将起到保险作用。

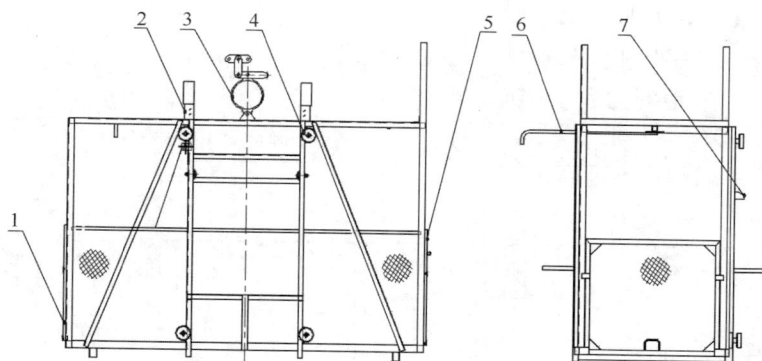

图 8-27　吊笼结构示意

1—吊笼出料门；2—防坠安全器；3—超载保护和钢丝绳平衡装置；4—导靴轮；
5—吊笼进料门；6—电缆托架；7—安全停靠装置

4）对重

对重是平衡吊笼重量的装置，可以减小驱动机构的动力要求，达到节能的目的。对重由小型钢制成笼框，内装填强度等级为 C25 的混凝土块，制成的混凝土块尺寸为 330mm×225mm×125mm，每边误差不得大于 2mm，每块重量 22±1kg，一个对重填 30 块混凝土块。浇筑时要充分振实，保证尺寸和重量，否则将影响安装和机械运行性能。为保证安装时混凝土块的强度达标，应提前浇筑混凝土块。

5）底座与基础（图 8-28）

物料提升机的底座安装在其混凝土基础上，由型钢焊接而成，下与混凝土基础埋件牢固连接，上与物料提升机结构架体的标准节牢固连接。物料提升机的基础应有足够的强度，以承受结构架体和物料的全部荷载。30m 以下的物料提升机基础地基承载力不得小于 80kPa，基础采用 C25 混凝土浇筑；高架机基础地基承载力不得小于 100kPa，基础采用 C30 混凝土浇筑。为便于升降机附墙的正确安装，混凝土基础相对于建筑物的位置根据（图 8-28）浇筑。混凝土强度达到标准强度的 70％后方可紧固地脚螺栓，安装上部结构。

物料提升机基础具体的技术要求：

① 地耐力大于 100kPa；

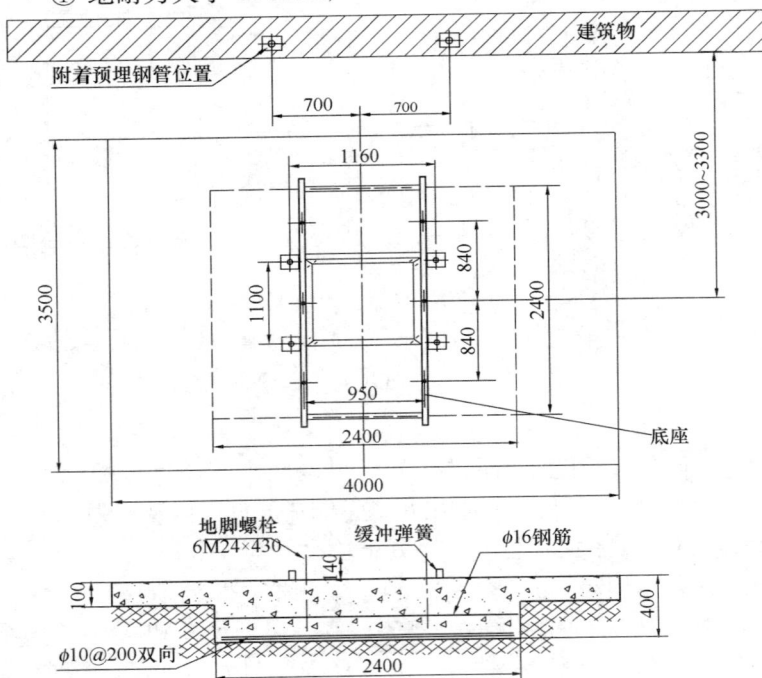

图 8-28　SSD80/80 物料提升机基础示意

② 30m 以下低架采用 C25 混凝土浇筑，30m 以上高架采用 C30 混凝土浇筑；

③ 基础表面平面度偏差不大于 10mm；埋件的位置差±2mm，埋件的高度差 5mm；

④ 基础周围应有排水措施，基础不得有积水等。

6）附墙装置

物料提升机安装高度超过最大独立高度，为保证架体的垂直、稳定和安全，必须安装附墙装置。SSD80/80 物料提升机的附墙架采用 ϕ48×3mm 钢管，用扣件与建筑物预埋钢管连接，使升降机与建筑物成为一体，安装方式如图 8-29 所示。

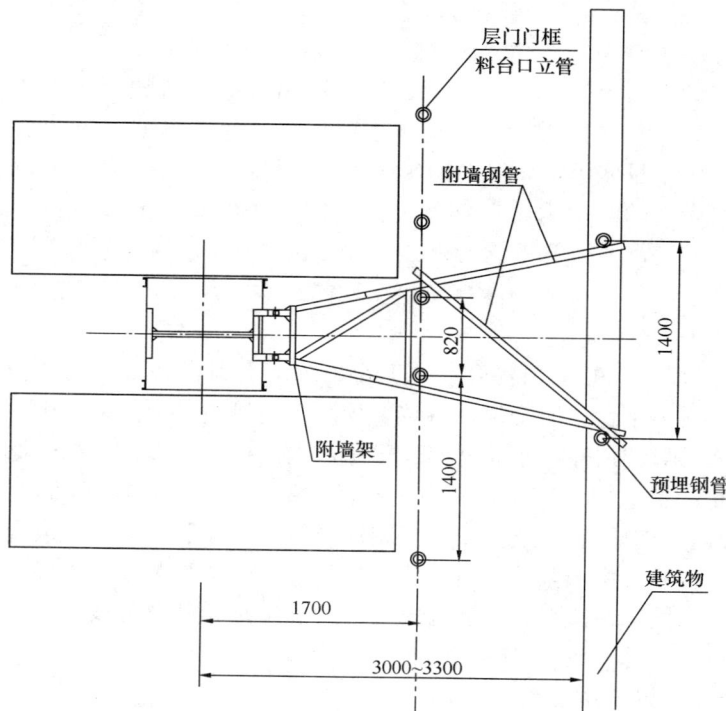

图 8-29 SSD80/80 物料提升机的附墙架示意

预埋钢管位置要求

最底层附墙架高度不大于12m，向上每层附墙架高度不大于9m，顶端自由高度不大于8m。每层附墙架需附墙杆3根（2m长2根、3m长1根）、长400～500mm的预埋管3根、扣件8只，附墙杆、预埋管必须选用$\phi48\times3mm$钢管。预埋钢管底部岔开，埋于梁面，并露出建筑物混凝土结构面20～25cm，并与混凝土结构面垂直。

7）防护围栏及围栏门

SSD80/80物料提升机底部防护围栏及围栏门的要求，同SC100/100型物料提升机。

（2）SSD80/80物料提升机的工作原理

工作原理：物料提升机钢丝绳的一端固定在吊笼上，绕过曳引机的曳引轮和两个定滑轮，另一端固定在导轨架内的对重上（图8-30）。接通电源，开动曳引机，曳引轮依靠对重和吊笼及载荷的重量张紧钢丝绳，钢丝绳对曳引轮产生压力，以钢丝绳和曳引轮间的摩擦力带动钢丝绳，使钢丝绳以额定的速度产生运动，带动吊笼提升重物沿标准节的导轨向上运动，相应的对重在标准节内部，沿导轨作与吊笼相反的运动。反之，则吊笼下降，对重上升。

SSD80/80物料提升机的工作系统由牵引机构、金属结构体系、自升平台、安全保护系统和控制系统等组成，由曳引机、钢丝绳、导向滑轮、吊笼和对重等组成牵引机构，由钢丝绳、导向滑轮和曳引机的曳引轮等组成绳轮系统（图8-30），由标准节（含内、外导轨）、自升平台、附墙装置、底座和基础等组成金属结构体系，由各限位装置、安全保护装置、围护装置等组成安全保护系统，由操纵台、影音监控装置、电控箱和电气线路等组成控制系统等。

1）绳轮系统

SSD80/80型物料提升机的绳轮系统如图8-30所示，曳引轮直径是钢丝绳直径的30倍，共由三组钢丝绳并列固定，通过曳引机的曳引轮一起作用，这样钢丝绳受力合理，可延长使用寿命。由曳引轮、钢丝绳、导向滑轮、对重和吊笼等组成。绳轮系统一端连接对重，另一端连接吊笼，中间的曳引机是实现动力能量转换的装置。由电能转换成机械能到物的势能的过程，就是将物料提升机的吊笼和施工材料，从底部运送到需要位置的过程。

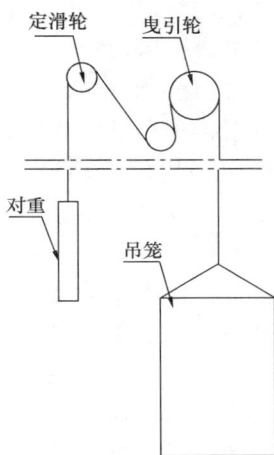

图 8-30　SSD80/80 型物料提升机绳轮系统、工作原理示意

2）曳引机的工作原理

SSD80/80 型物料提升机的牵引机构采用的是曳引摩擦驱动，曳引机是牵引机构中的驱动装置，提供牵引钢丝绳动力的来源。曳引机由电动机（内置锥形制动装置）、行星齿轮减速箱、曳引轮和底座等组成（图 8-31）。

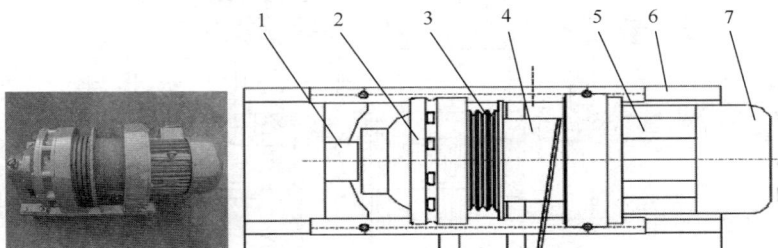

图 8-31　曳引机实物及示意

1—轴承座；2—行星齿轮减速箱；3—曳引轮；4—卷筒；5—电动机；6—底座；
7—锥形制动器及罩

曳引机的工作原理：接通电源，电动机和其内置锥形制动装置一起得电，内置锥形制动（常闭制动器）装置打开的同时，电动机转子运行带动行星齿轮减速箱输入轴转动，经减速后行星齿轮减速箱的输出轴带动曳引轮和卷筒一起转动，曳引轮和卷筒带动钢丝绳进行运动。

3）内置锥形制动装置电动机的工作原理

内置锥形制动电动机是一种圆柱转子，尾部轴端带锥形制动和散热风扇的电动机（图 8-32），由端盖、机壳、定子、转子、衔铁、制动弹簧、支承圈、环状电磁铁装配体、钢丝挡圈、锥形制动盖、锥形制动轮、固定螺钉、护罩、垫圈、轴承、挡圈等组成。锥形制动电动机其定子、转子都是圆柱形结构，锥形制动盖安装在机壳上，锥形制动轮带风扇安装在转子的轴端上。

工作原理是：衔铁作成碗状结构，套装在转轴上，当电机接通电源后，电磁铁也同时得电，产生电磁吸力，将衔铁吸向

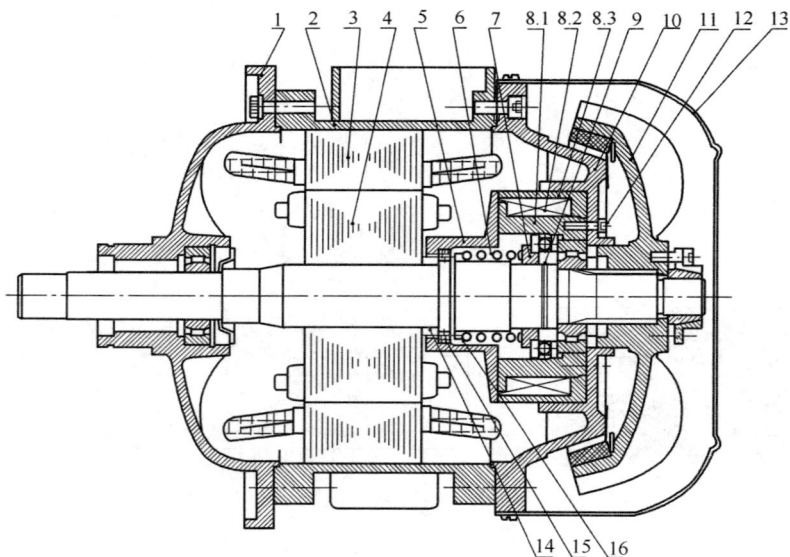

图 8-32 带锥形制动电动机构造示意

1—端盖；2—机壳；3—定子；4—转子；5—衔铁；6—制动弹簧；7—支承圈；
8—环状电磁铁装配体；9—钢丝挡圈；10—锥形制动盖；11—锥形制动轮；
12—固定螺钉；13—护罩；14—垫圈；15—轴承；16—挡圈

环状电磁铁装配体，将碗状衔铁内装的制动弹簧压缩，还带动锥形制动轮上的刹车片与锥形制动盖上的外锥面脱开接触，则转子旋转起来，电机进入工作状态；当电机电源断开时，电磁铁也同时失电，电磁吸力消失，整个转子装配、包括衔铁和锥形制动轮，在制动弹簧的弹簧力作用下产生位移，从而将锥形制动轮的刹车片压紧在锥形制动盖上，转子被迅速制动，完成电机的制动过程。

4）电气控制原理

① 电气系统的组成

SSD80/80 型物料提升机电气控制系统由主回路和控制回路所构成，操作按钮、接触器、继电器等均置于物料提升机电控箱内，行程限位开关、电动机和制动器电磁线圈、影音监控摄像头等，按需要分别设置在吊笼、结构架体等处。操作台面板设置操控吊笼运行所需的各个按钮和显示器、语音应答器等。电气控制系统原理示意图见图 8-33。

使用分体式电控箱体，抽屉式操作面板配置电视监控和语音对讲系统，电气元件安装在封闭的箱体内，防止风、雨、雪的侵蚀，各功能按钮的旁边都设有操作提示标签和指示灯，简单易懂，方便操作人员熟悉各功能按钮和开关。

② 电气控制原理

SSD80/80 型物料提升机电气控制原理：主电路由 A、B、C 三相动力电进入，经熔断器 FL1 再进入漏电开关 Q1，此时从主线路引出 A、B、C 三相线接入相序保护器 KJ，主线路直接接入交流接触器 K1 和 K2。K1 和 K2 是两个曳引电动机的工作电源总控制器，只有先启动 K1 和 K2，两个电动机才能被操作运转，这也是防止突然来电时，操作手柄不在零位时自动启动电机及在紧急情况下用按钮断电的保护设计。主线路由 K1 和 K2 分别进入 K3 和 K4、K5 和 K6 后，再分别接到两个电动机各自的综合保护器 FA1 和 FA2，最终 A、B、C 三相接入两个曳引电动机。主电路图见图 8-33 中点线框左侧和下方的示意图。

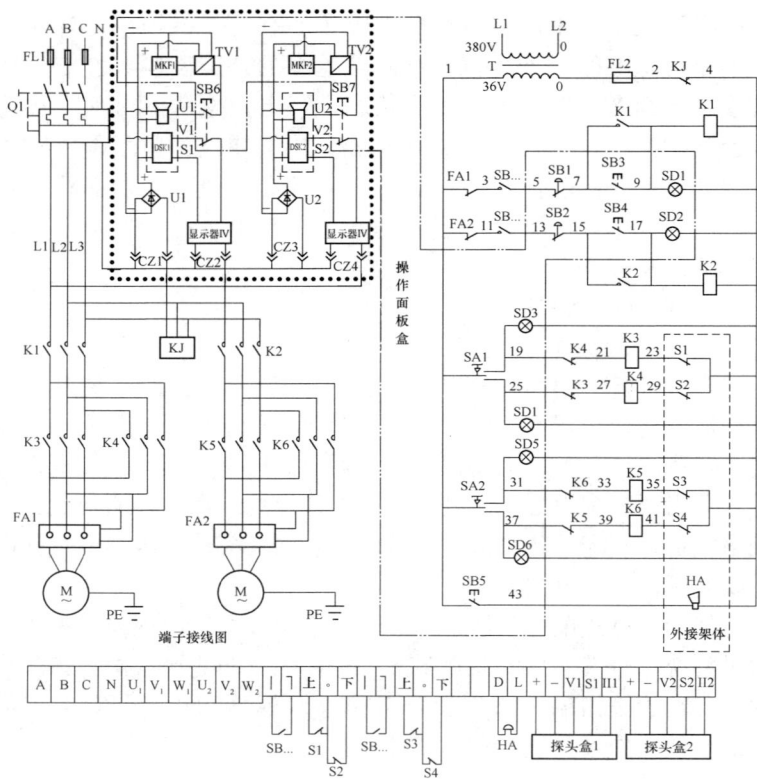

代　　号	名　　称	代　　号	名　　称
FL1、FL2	熔断器	SD1～SD6	指示灯
Q1	漏电开关	SA1、SA2	操作开关
K1、K2	电机总接触器	HA	电铃
KJ	相序保护器	S1～S4	高低程限位
K3～K6	交流接触器	SB	重量等各种限位
CZ1～CZ4	模数化插座	SB3、SB4	工作准备按钮
M	电动机	FA1、FA2	电机综合保护器
T	变压器	PE	接地保护
SB1、SB2	急停按钮	点线框	显示摄像等模块

图 8-33　SSD80/80 型物料提升机电气控制系统原理示意

控制电路由变压器 T 接入 380V 电压，接出 36V 安全电压，经熔断器 FL2 接入相序保护器 KJ 的辅助触点，再分别接到电机总控制交流接触器 K1 和 K2、两个曳引电机正反转控制交流接触器 K3 和 K4、K5 和 K6 的控制电路中，K3 和 K4、K5 和 K6 两两不可同时闭合通电，这在控制电路中有保护设计，叫互锁电路。在 K3 和 K4、K5 和 K6 的单独电路中，分别接入 S1～S4 的高低行程限位开关，防止吊笼冲顶或墩底。在电机总控制交流接触器 K1 和 K2 的单独电路中，分别接入紧急停止按钮 SB1 和 SB2、电机综合保护器 FA1 和 FA2 的辅助触点和重量、断绳、门限位等各种限制限位开关。电铃 HA 和按钮 SB5 并接到 36V 电路就可以。

③ 影像监控、语音对讲和自动平层装置等

影像监控、语音对讲的电路见图 8-33 中的点线框，通过模数化插座 CZ1～CZ4 直接插接，市场中有成熟的产品可供选择。关于影像监控、语音对讲在本章 SSB100 型物料提升机中已有介绍，本节不再重复。

自动平层装置，是方便司机操作的，即设定物料到需要运送到的层次后，在吊笼接近该楼层时，首先会减速，到达设定的位置能自动停止运行。此时，接料人员可打开层门，挂好安全停层保险后，可进入吊笼取料。此装置需事先在吊笼和楼层的各对应位置安装光电感应开关或磁开关，再辅助其他电路即可实现。

4. SC100/100 型物料提升机基本构造及工作原理

SC100/100 型物料提升机由梯笼、结构架体、底座、齿轮齿条驱动系统、防护围栏、附墙装置和电气控制、操作系统等构成。主要技术性能参数见表 8-2。

技术性能参数 表 8-2

技术性能参数	
额定载重（kg）	1000/1000
额定起升速度（m/min）	26
最大提升高度（m）	80

额定载重（kg）		1000/1000
导轨架尺寸（m）		0.65×0.65×1.508
吊笼净空尺寸（m）		3.0×1.55×2.02
标准节质量（kg/节）		125
吊笼质量（kg/只）		1200
围栏总质量（kg）		550
电动机	型　号	YEZJ132M-4
	功率（kW）	2×12.5
减速机	中心距（mm）	125
	传动比	1：20
安全器	型号	SAJ30-1.2
	动作速度 m/min	57
	制动力矩（N·m）	≥3000

（1）SC100/100 型物料提升机基本构造

SC100/100 型物料提升机是双笼单立柱的结构形式，底部是防护围栏，驱动机构安装在梯笼内或梯笼顶部，依靠齿轮齿条使梯笼沿导轨运动。SC100/100 型物料提升机装配示意图见图 8-34。

1）结构架体与导轨

SC100/100 型物料提升机结构架体就是梯笼的导轨架，导轨架由标准节相互连接而成，标准节之间通过高强度螺栓的可靠连接后形成物料提升机的结构架体。标准节由钢管、角钢等焊接而成，长 1508mm，截面尺寸为 650mm×650mm。标准节的相对两个侧面，外侧各安装有高精度齿条，驱动齿轮沿齿条运动爬升或下降。标准节主肢的四根立柱为钢管，梯笼以标准节齿条两侧的主肢钢管为导轨，导轨架通过附墙装置与建筑物固定。如图 8-35 和图 8-36 所示。

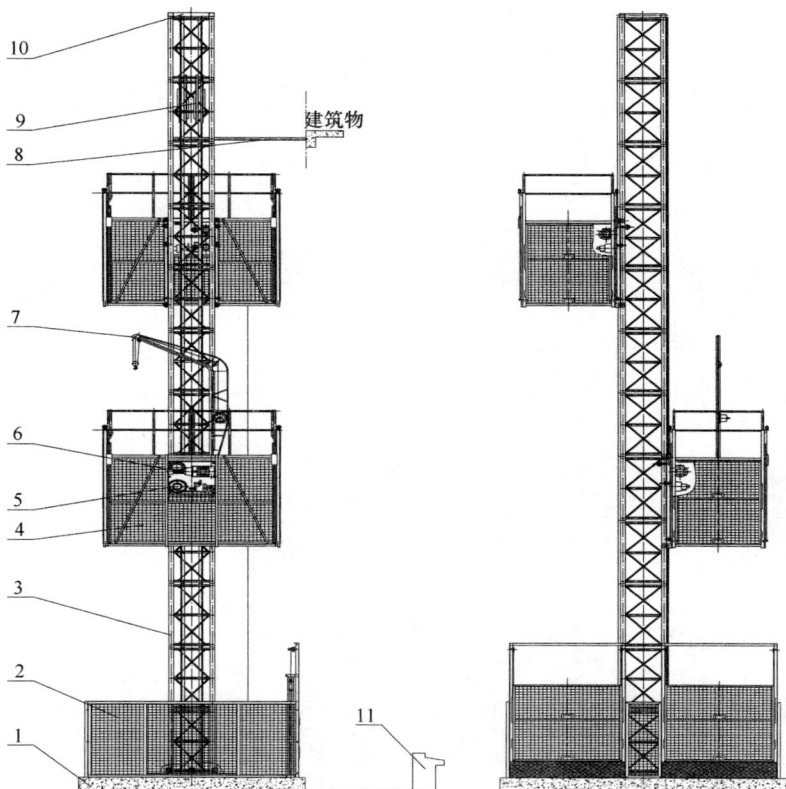

图 8-34　SC100/100 型物料提升机装配示意图

1—基础；2—护栏；3—导轨架；4—梯笼；5—防坠安全器；6—驱动装置；
7—手摇把杆；8—附着装置；9—限位碰铁；10—封帽；11—操纵台

2）梯笼

梯笼为焊接钢骨架结构，四周采用钢丝网，便于采光，视野清晰，如图 8-37 所示。梯笼前后分别设有单开梯笼门，各梯笼门上部均设有限位装置并实现电气联锁，在梯笼运行或笼内施工人员作业时吊笼门开启，限位装置起作用，物料提升机停止运行；梯笼顶部还设有护栏和手动起重机安装座孔，用于升降机导

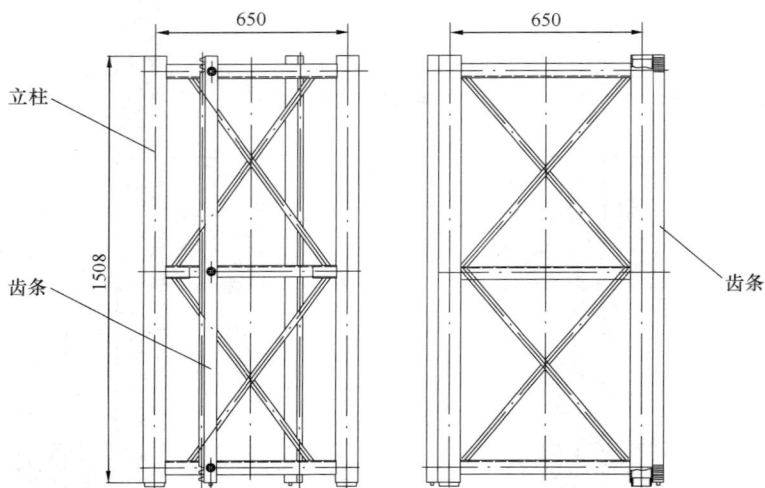

图 8-35　标准节结构组成示意

立柱

齿条

650　650

1508

齿条

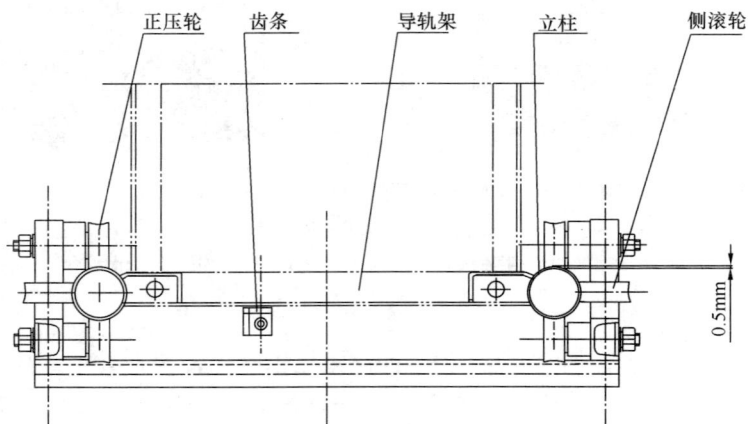

图 8-36　标准节横截面与梯笼装配示意

正压轮　齿条　导轨架　立柱　侧滚轮

0.5mm

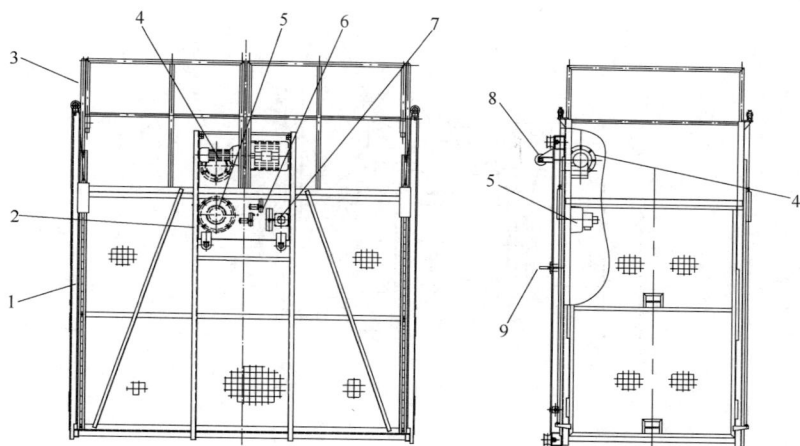

图 8-37　SC100/100 型物料提升机梯笼示意

1—门；2—立柱；3—栏杆；4—驱动机构；5—防坠器；6—高限位；

7—极限限位；8—滚轮；9—安全钩

轨架的自行安全装拆。另外，梯笼主立柱间安装有驱动装置和安全防坠器联合传动板，通过其与导轨架齿条的配合驱动梯笼运行或防止梯笼坠落事故的发生。在梯笼立柱上，安装有外侧、侧面和内侧滚轮，呈 C 字形把标准节主肢立柱导轨包围在内，一是保证梯笼运行位置的准确，二是起导向的作用。

　　3）滚轮

　　在梯笼靠近导轨架立柱外侧的正面、侧面或内侧安装有滚轮，呈 C 字形把标准节的主肢立柱导轨包围在内（图 8-36），一是保证梯笼安装位置符合要求，齿轮齿条啮合相对位置的准确；二是起运行导向的作用。一般梯笼的滚轮两个或三个一组安装使用，一个梯笼安装四组滚轮。滚轮的结构如图 8-38 所示。

　　4）附着装置

　　附着装置用于把导轨架和建筑物固定连接，以保证物料提升机结构架体的稳定性。附着装置前端通过前接杆和 U 形螺栓与导轨架标准节相连，后端通过附墙支座固定在建筑物上

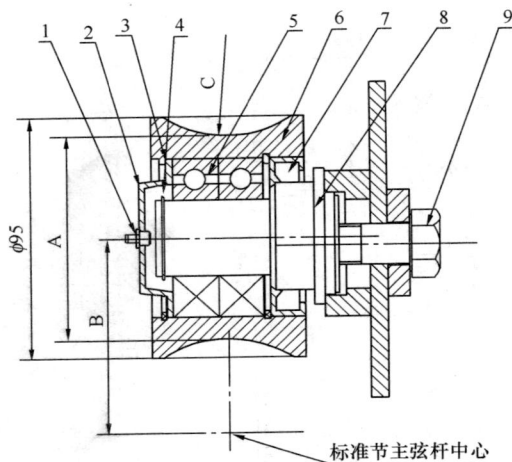

图 8-38　梯笼可调滚轮结构装配示意

1—油杯；2—端盖；3—孔用挡圈；4—轴用挡圈；5—轴承；
6—滚轮；7—油封；8—滚轮轴；9—螺栓

（图 8-39）。附着装置安装间距应不超过 6m，同时最后一道附着
装置安装后，导轨架自由端高度不超过 7.5m。

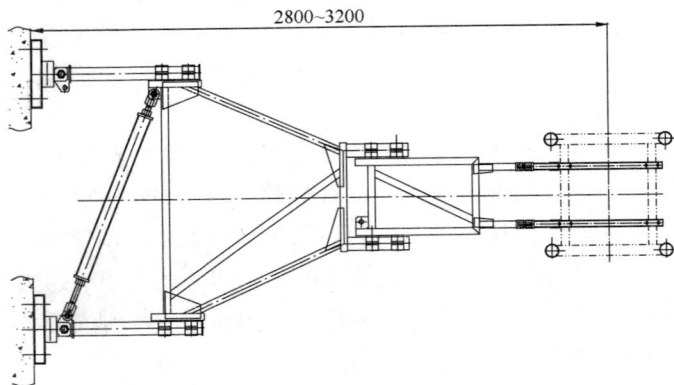

图 8-39　SC100/100 型物料提升机附墙装置示意

附着装置与建筑物墙面连接时，可通过如图 8-40 所示的形

式选择预埋。物料提升机附着前，应对建筑物附着处的结构强度进行验算，达到要求后方可安装附着装置。

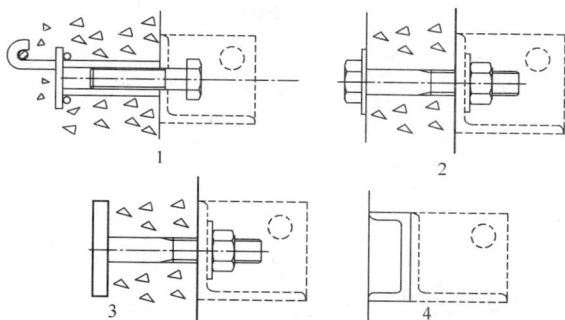

图 8-40 附着装置连接件的预埋方式示意

1—预埋件；2—预埋孔；3—预埋螺栓；4—与钢结构焊接

5）底座与基础

① 底座（图 8-41）是连接混凝土基础与结构架体的中间构件，既承受上部构件的自重与荷载等，又要将这些载荷传递给基础。底座由槽钢拼焊而成，通过地脚螺栓与基础固定，同时标准节用连接螺栓紧固在底座上。底座长向两端与围栏底座相连接，用以安装防护围栏和门等。底座两侧设置有缓冲弹簧座，用于安装梯笼缓冲弹簧，以使梯笼意外着地时能缓解冲击力。

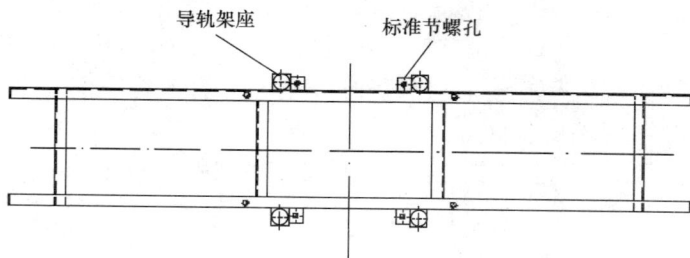

图 8-41 基础底座结构示意

② 混凝土基础的示意图见图 8-42。

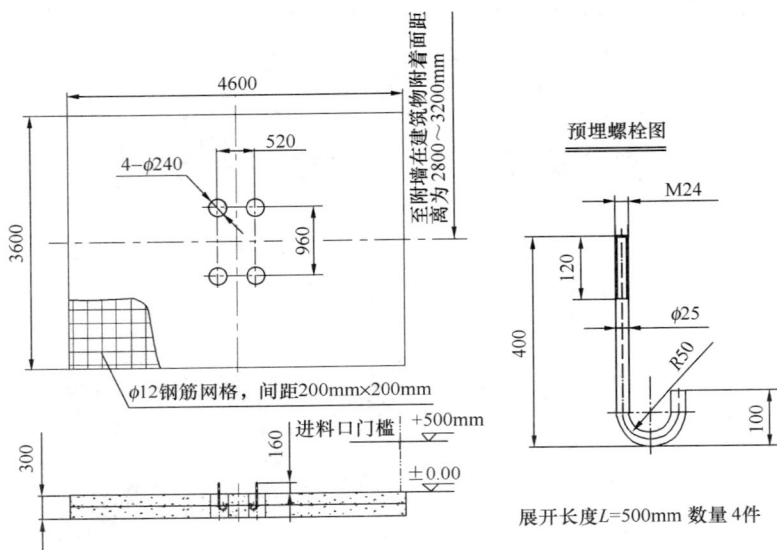

预埋螺栓图

展开长度L=500mm 数量4件

图 8-42 混凝土基础结构示意

混凝土基础的技术要求同上述 SSD80/80 型物料提升机。如基础设置在地下室顶板上，则需向有关单位提供基础受力数据，验算确认后方可安装。

6）防护围栏

防护围栏为钢丝网护栏，围栏底部与其底座等相连。围栏入口处设有围栏门，并设有机电联锁装置。在梯笼运行时如围栏门被机械锁死，不能自由开启；如意外开启，梯笼将停止运行，以保证梯笼运行和作业人员安全，如图 8-43 所示。防护围栏及围栏门的要求同前述，其他按《龙门架及井架物料提升机安全技术规范》JGJ 88 规范要求执行。

（2）SC100/100 型物料提升机的工作原理

驱动机构和安全防坠器安装在传动板上，传动板与梯笼的两根立柱连接。驱动齿轮和安全防坠器齿轮通过传动板孔与安装在导轨架上的齿条相啮合，梯笼通过安装在立柱上的四组滚轮组，

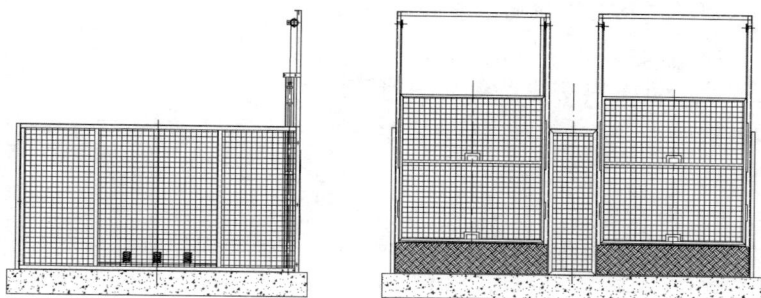

图 8-43 防护围栏、围栏门构造示意

以保证齿轮齿条在齿宽方向上的啮合度。在梯笼传动板上，驱动和安全防坠器齿轮齿高方向的正对面，在齿条的背面安装有滚动背轮和焊接有防脱齿的止挡块，滚动背轮用来保证齿轮和齿条在齿高方向上的啮合度，止挡块用来防止齿轮和齿条在齿高方向上的脱齿。二个滚动背轮与齿轮相对安装，二个防脱齿的止挡块焊接在传动板上，间距不小于齿轮齿条的啮合长度（图 8-44）。

图 8-44 传动板安装示意

1—正滚轮；2—驱动机制动器；3—传动板；4—背轮；5—侧滚轮；
6—驱动齿轮；7—防脱齿止挡块（齿条止挡装置）

驱动机构电机接通电源后，与驱动机构一体的制动器同时打开，驱动齿轮旋转，固定在标准节上的齿条与驱动齿轮啮合，这样使驱动机构带动传动板及梯笼一起沿齿条作上升或下降的运动。由于梯笼上安装有导向滚轮组等，与标准节主肢立柱兼导轨相配合，使得梯笼沿导轨架作运动。

1）驱动机构

SC100/100 型物料提升机的驱动机构采用蜗轮蜗杆传动的方式（图 8-45），驱动机构由蜗轮蜗杆减速箱、驱动齿轮、联轴器和带制动的电机组成。

图 8-45　齿轮齿条驱动机构示意
1—安全防坠器；2—联轴器壳；3—蜗轮蜗杆箱；4—制动器；
5—电机；6—传动板

2）盘式制动三相异步电机的工作原理

SC100/100 型物料提升机采用盘式制动三相异步电动机（见图 8-46），该电动机一端为电动机输出轴，接联轴器后接蜗轮蜗杆减速箱；另一端接盘式制动器，该盘式制动器为常闭型制动器，在电动机接通电源时，制动器同时接通电源，打开制动器，使电机

图 8-46　盘式制动三相异步电动机示意

能正常运转，带动驱动齿轮工作。

　3）电机端盘式制动器

　电机端盘式制动器内部构造示意图见图 8-47，采用的是盘式制动，原理与内置锥形制动装置电动机相似。

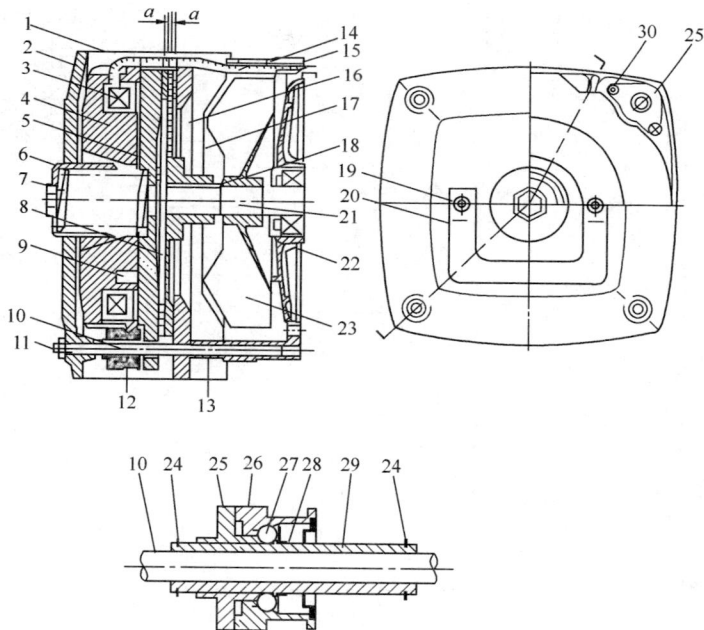

图 8-47　盘式制动器结构示意

1—防护罩；2—端盖；3—电磁线圈；4—电磁铁座；5—电磁衔铁；6—调整套；7—制动弹簧；8—旋转制动盘；9—压缩弹簧；10—螺栓；11—螺母；12—锥套总成；13—隔套；14—线圈电缆；15—电缆夹；16—固定制动盘；17—风扇罩；18—键；19—制动螺栓；20—释放手柄；21—主轴；22—后罩；23—风扇；24—轴用挡圈；25—托架；26—锥套；27—滚珠；28—压簧；29—套管；30—螺母

　4）电气控制原理

　① 电气系统的组成

　SC100/100 型物料提升机电气控制系统由主回路和控制回路

所构成，其他同上述物料提升机。

②　电气控制原理

SC100/100 型物料提升机电气控制原理图和明细表见图 8-48 和表 8-3。操作控制原理基本上与物料提升机相同。

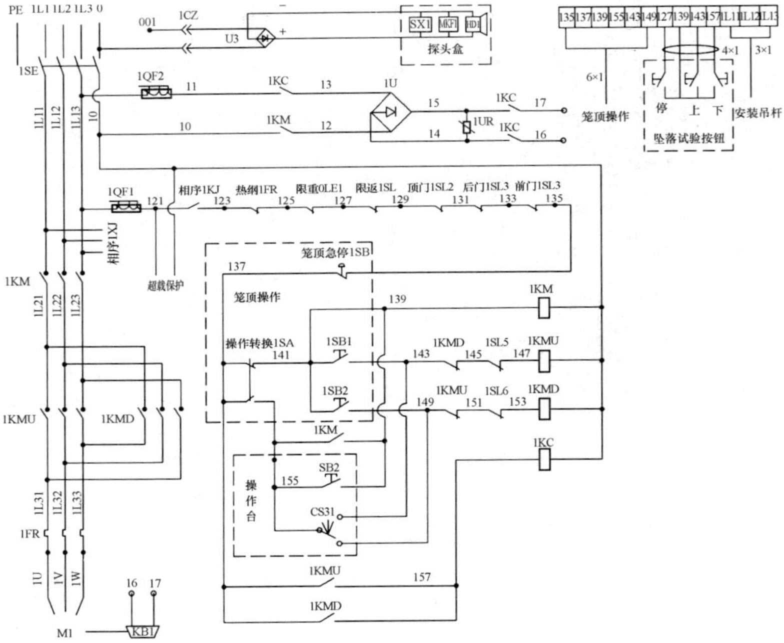

图 8-48　SC100/100 型物料提升机电气控制原理示意

电气原件明细表　　　　　　　　　　　　表 8-3

序号	符　号	名称	规格型号
1	Q1	漏电断路器	DZ47LE-158 3P＋N80A
2	QF1-2 1QF1-2、2QF1-2	小型断路器	DE47-63 1P 2A
3	KMM1-2、1-2KM 1-2KMU、1-2KMD	交流接触器	CJX2-4011 220V

序号	符　号	名称	规格型号
4	1-2SE	板限开关	JK16-100
5	1-2FR	热继电器	JR36-63 32A
6	M1-2	电动机	YZZ132-M4
7	KB1-2	制动器	LDZ1-150
8	SB1、SB3 1SB、2SB	急停按钮	LAY3-11MZS
9	SB2、SB4 1SB1-2、2SB1-2	按钮	LAY3-11
10	CSB1-2	十字开关	TN2MR2R-2
11	SB6-7	按钮	NP2-BA45
12	CZ1-4、1-2CZ	模数化插座	AC-2 5A
13	U1-4	直流电源	9V 1A
14	1-2SA	转换按钮	NP2-BD25
15	HL1-2	指示灯	ND16-22
16	1SL＊、1SL1-6 2SL＊、2SL1-6	行程开关	YBLX-K3/20S/T
17	TV1-2	显示器	9 吋
18	HD1-4	喇叭	2 吋 5W
19	SX1-2	摄像头	焦距 3m
20	MKF1、MKF3	拾音器	
21	MKF2、MKF4	脉头	
22	1-2XJ	相序继电器	XJ3
23	OLE1-2	起重量限制器	柱压式 3T
24	1-2SL	限速器开关	
25	1-2U	整流桥	3K
26	1-2UR	压敏电阻	
27	TY1-2	音量调节	
28	1-2KC	交流接触器	CJX2-0910 220V

第九章　物料提升机的安全保护

第一节　物料提升机电气系统的保护

物料提升机电气系统的保护主要有：过电流保护、零位（失压）保护、电路互锁保护、紧急停止、相序保护和漏电保护、接零保护、防雷接地保护和重复接地等。

1. 过电流保护

过电流保护主要包括短路保护和过载保护两种类型，过电流保护的对象是电源和用电设备。短路保护的特点是整定电流大、瞬时动作，电磁式电流脱扣器（或继电器）、熔断器常用作短路保护元件。过载保护的特点是整定电流较小、反时限动作。电动机的热继电器、延时型电磁式电流继电器常用作过载保护元件。电路中常用的自动空气开关，也对电路中短路、欠压等进行保护。

2. 零位（失压）保护

当用主令控制器控制电动机时，为防止停电时操作手柄没有回到零，或按钮故障卡阻使电路保持通路，即保持在工作位置上，当电路突然来电时，可使电动机意外转动造成安全事故，而采用的一种保护电路叫零位保护。由零位继电器或接触器来实现，只有将手柄放在零位时，零位继电器动作，其接点闭合才能接通正反转接触器的控制回路，进行正常操作。零位保护是为防止设备和人身事故而必须采用的一种保护。如物料提升机电动机正反转接触器前主电路上的总接触器图 8-21 中的 C1、图 8-33 中的 K1 和 K2、图 8-48 中的 1KM，就是防止突然来电时的失压保护装置。

3. 电路互锁保护

物料提升机控制电路中电动机正反转互锁保护，主要是为防止正反转电动机同时工作而设置的。其原理是把控制电动机正反转两个接触器的常闭触点，分别串接到对方的控制电路中，使工作中的接触器的常闭触点断开不应工作接触器的控制电路，从而保证了两个有相互联系的接触器不能同时工作，这样互相控制而形成了互锁。如 SSD80/80 型物料提升机电气控制电路图 8-33 中的 K3 和 K4 交流接触器、K5 和 K6 交流接触器，它们是电路互锁的。

4. 紧急停止

紧急停止是通过紧急停止按钮来实现的。紧急停止按钮的常闭触点（如电路图 8-21 中的 QA、1SB、2SB 等）串接在零位（失压）保护的电路中，司机在操作物料提升机的过程中，如有紧急情况发生，运行机构不受控制时，拍下紧急停止按钮的红色钮盖，可立即断开总控电路，使物料提升机电动机正反转接触器前主电路上的总接触器（图 8-33 中的 C1、K1、K2、1KM 等）断电，从而起到保护工作机构等的作用。紧急停止按钮的特点是：红色、大按钮帽盖、帽盖上有三个箭头循环标志、按下即锁住不回弹等。

5. 相序保护

相序保护是保护物料提升机主电路 A、B、C 三个相线的接线顺序的，以防止因相序错误带来的原本应正转的电动机，在通电后会反转，使电路中的高低程限位开关失去保护作用。相序保护器安装在主电路的引出线上，在如控制电路图 8-21、图 8-33 和图 8-48 中的 KF、KJ 和 XJ 等。

6. 漏电保护

漏电保护是当电路的漏电电流超过某一设定值时，能自动切断电源或发出报警信号的一种安全保护措施。当人体接触到电路时，电流会通过人体，引起触电伤亡的人身事故。通过人体的电流就是漏电电流。漏电保护器就是检测电路中漏电情况的装置，如主电路图 8-33 中的 Q1 和图 8-21 中的 ZK 等。在物料提升机主电路中，漏电保护器（漏电开关）设置在主电路的前端，主要的技术参数是：动力电路漏电开关的额定漏电电流小于 30mA，额定漏电动作时间小于 0.1s；照明电路漏电开关额定漏电电流小于 15mA，额定漏电动作时间小于 0.1s 等。

7. 接零保护

接零保护就是在正常的情况下，把机械设备中与带电部分绝缘的金属结构部件（如电动机的外壳、金属操作台的外壳等），用导线与配电系统的保护零线可靠地连接起来的一种安全措施。在建筑施工现场临时用电 TN-S 系统中，电器设备采用"接零保护"后，当电器设备绝缘损坏或发生相线碰壳时，因为电器设备的金属外壳已直接接到低压电网中的零线上，所以故障电流经过接零保护导线与配电变压器零线构成闭合回路，碰壳故障变成了单相短路，因金属导线阻抗小，这一短路电流在瞬间增大，足以使保护装置或熔断器迅速动作（熔断）而切断漏电设备电源，即使人体触及了电器设备的外壳（构架）也不会触电。同时漏电开关动作，也会切断电源物料提升机的接零保护主要是电动机的金属外壳和操作台的金属外壳部位。保护零线禁止接入熔断器，线路必须完整和可靠连接。

8. 防雷接地保护和重复接地

防雷接地保护是为了消除由于雷电的过电压危险影响而设置的接地装置，一般由避雷针、避雷引下线和避雷器深埋在地下的接地体组成。防雷接地只是在雷电冲击的作用下才会有电流流过，流过防雷接地电极的雷电流幅值可达数十至上百千安培，但是持续时间很短，如果设置不符合要求，造成的后果也很严重。因物料提升机是高耸的金属物体，相对易遭受雷电袭击。防雷接地装置的避雷针应安装在物料提升机架体的顶部，避雷引下线从顶部沿架体向下布设，可借助物料提升机的金属架体，在底部主结构部位接地应为两点二组的方式，按架体的对角布置，防雷接地的接地电阻应小于 10Ω。

重复接地是电气接地，它是在中性点直接接地的系统中，在零干线的一处或多处用金属导线连接接地装置。重复接地的接地电阻应小于 10Ω，一般应安装在主要用电设备处，如电机、操作台或开关箱处。防雷接地和重复接地可以相互并接，不可串接，可利用建筑的接地网，但接地电阻须符合要求。具体参照《施工现场临时用电安全技术规范》JGJ 46 执行。

第二节 物料提升机的安全限位和保护

1. 高程限位、低程限位和极限限位

物料提升机的高程限位，是在高度上限制吊笼可以运行的区间，吊笼在正常运行时，不可以越过该限制的高度。物料提升机的低程限位，是在低程上限制吊笼可以运行的区间，吊笼在正常运行时，不可以越过该限制的低位。高、低程限位开关串接在电动机正反转接触器的控制线圈上，如吊笼运行时触动限位开关，相应的接触器线圈断电，则电动机停止运转并制动。

极限限位开关是限制吊笼运行的最后一道开关，主要防止吊笼冲顶或蹲底而设置的，在高低程限位开关失效后，吊笼才可以碰撞极限限位开关。极限限位开关串接安装在电气系统的主电路上，如吊笼运行时触动极限限位开关，除音视频监控对讲系统外，其他整个电气系统断电，停止吊笼运行。一般 SC 型物料提升机安装有极限限位开关，钢丝绳传动安装的比较少。

限位开关和碰块的安装位置，根据物料提升机形式的不同而不同，有安装在结构架体上的，也有安装在吊笼上的。SC 型物料提升机的限位开关和极限限位开关安装在梯笼内部，碰块安装在导轨架体的上下两端。具体见图 9-1 和图 9-2。

2. 外围栏门限位，吊笼门限位、检修门限位

外围栏门限位安装在物料提升机底部，用以保护吊笼运行所需平面区域的围栏上的门不被意外打开。限位开关安装在固定的围栏上，以外围栏门的某个部位作为碰块。与高低程限位开关相反，碰块撞到限位开关时，限位开关接通，对控制电路供电，方

图 9-1　各限位安装示意图

1—安全防坠器；2—下限位开关；3—蜗轮减速箱；4—重量传感器；
5—带制动器电机；6—上限位开关；7—极限限位开关

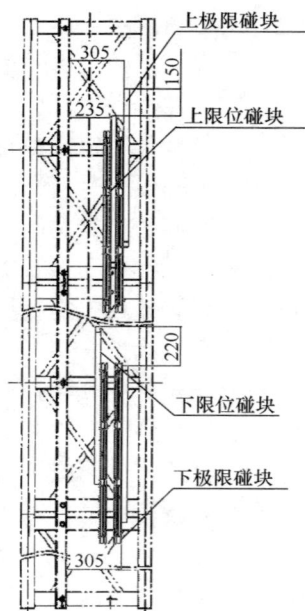

图 9-2　结构架体限位碰块安装示意

可以操作吊笼运行。外围栏门安装限位开关的同时，还安装有机械锁止装置，即外围栏门在吊笼运行时，离开导轨架底部后，有机械钩把外围栏门锁住，不可以打开。只有当吊笼处于导轨架底部时，方可打开。这就是机电联锁装置，与外围栏门限位开关同时起作用（图 9-3）。

图 9-3　外围栏门机械联锁钩头

吊笼门限位安装在吊笼的进出料门处，与外围栏门的原理一样，碰块撞到限位开关时，限位开关接通，对控制电路供电，方可以操作吊笼运行。检修门设置在吊笼的顶部，一般在 SC 型物料提升机的梯笼顶设置，原理与吊笼门限位一样。设置有检修门的吊笼，应同时在吊笼内设置爬梯。

3. 重量限制

重量限制的形式较多，应用的形式与物料提升机的型号有关系。一般有弹簧式重量限制器、拉力环式重量限制器和电阻应变片式重量限制器。弹簧式和拉力环式重量限制器，大多应用在 SS 型物料提升机上，一般不是安装在顶部天梁处，就是在底座上导向滑轮处。弹簧式重量限制器现在很少被采用。电阻应变片式重量限制器一般应用在 SC 型的物料提升机上，是以后重量限制器的发展方向。

重量限制器是为防止物料提升机超载运行而设置的限制器。因物料提升机所装运的物料多，难以估计重量，容易造成超载运行，故设置该限制器以保障安全。按要求超载限制器必须设置两挡，当吊笼内的载荷达到额定载荷的 90% 即发出警告信号，达到 100% 时即切断控制电路。

（1）弹簧式重量限制器 一般弹簧式重量限制器安装在地面转向滑轮上，正常载荷时，行程开关不动作。一旦超过额定载荷时，行程开关碰杆被压动，断开控制电路，使升降机停机，起到超载保护作用。弹簧式重量限制器的限制精度应小于额定载重量的 10%。

图 9-4 所示为弹簧式重量限制器结构示意。钢丝绳在牵引吊笼起、制动过程中，常常有一个加速度的附加力，造成钢丝绳抖动，该力常会超过设定的超载报警限制值。为防止抖动造成误操作，在控制电路中装一个延时断开继电器的控制电路，延时时间长短可调，如延时 2～3s 再动作，那么就可防止抖动产生的假超载信号造成误动作。

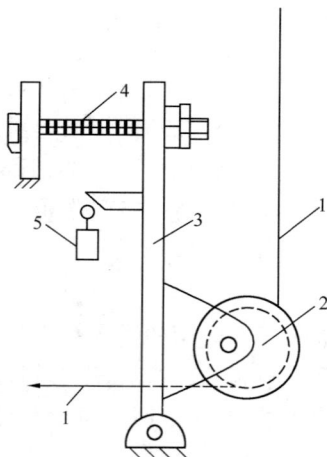

图 9-4 弹簧式重量限制器结构示意

1—牵引钢丝绳；2—牵引钢丝绳转向地滑轮；3—活动杠杆；

4—调节螺母；5—行程开关

这种结构的优点是简单，成本低；缺点是可靠性不好，易产生误动作。因为弹簧是非测量用弹簧，其弹性易疲劳，使用一段时间，调好的数值会改变，影响超载限制器的正常使用。

（2）拉力环式重量限制器　拉力环重量限制器结构示意图如图 9-5 所示。将上 F、下 F 两端串入物料提升机吊笼提升钢丝绳系中，当受到吊笼载重力时，拉力环立即会变形，两块变形放大钢片立即会向中间挤压，带动装在上边的微动开关和触发螺钉，当受力达到调节的第一限制值时（如报警），其中一个开关动作；当拉力再增大时，达到调节的第二限制值时，使另一个开关也动作，它的开关信号要经延时处理才可报警和控制物料提升机。

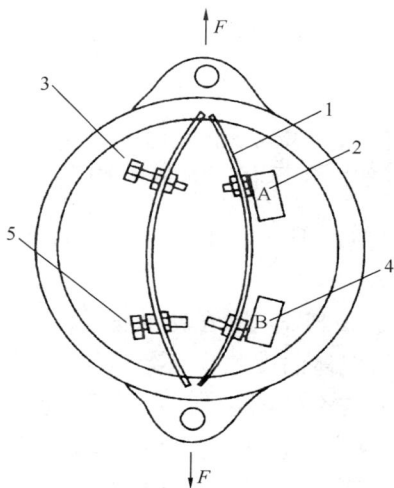

图 9-5　拉力环重量限制器
1—弹簧钢片；2—微动开关 A；3、5—调节螺钉；4—微动开关 B

（3）电阻应变片式重量限制器　电阻应变片式重量限制器结构示意图如图 9-6 所示。将电阻应变片贴在受力变形拉棒上，利用受拉力（或压力）时金属棒的微小变形来感受力的大小。它产生的电信号非常微弱，要经过电子数字电路精密放大，由数字式显示器显示。这种形式的超载限制器优点是精确度高，常由专业

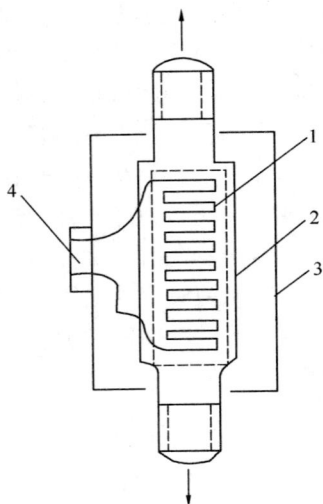

图 9-6 电阻应变片式重量限制器（受拉力）结构示意
1—电阻应变片；2—受力变形拉棒；3—外壳；4—引线插座

计量器具厂家制造，但价格相对比较高，并需配套的电子电路。

4. 语音对讲、视频监控和自动平层

当物料提升机架体的安装高度超过 30m 时，根据《龙门架及井架物料提升机安全技术规范》JGJ 88 的规定，物料提升机的操控和防护应具有语音对讲、视频监控和自动平层等功能。有关此功能在前边章节已经介绍。一般 SS 型物料提升机安装高度不超 30m，但部分也配备上述部分功能。

第三节 物料提升机的机械安全保护

物料提升机上的机械安全保护装置，有安全防坠器、断绳保护装置、安全停靠装置、齿条止挡，防跳绳、绳筒保护、缓冲装置、安全节等。

1. 断绳保护装置

吊笼运行过程中，吊笼及荷载的重量全部作用于提升钢丝绳上，若提升钢丝绳发生突然断裂，则吊笼会因失去支承而发生坠落事故。断绳保护装置可在提升钢丝绳发生突然断裂时动作，托住或卡住吊篮，防止发生吊笼坠落事故。常见的断绳保护装置有以下几种。

（1）断绳时利用夹轨器制停吊笼（渐进式）

a. 简易夹轨器示意图如图 9-7（a）所示。在吊笼的外侧靠井架导轨的两边各固定一块偏心夹板，该板可绕支点作转动，两块偏心夹板通过拉绳将它们拉起吊在牵引钢丝绳上。一旦牵引钢丝绳断裂跌落时，两块偏心夹板靠自重向下跌落，夹住角钢导轨，由于偏心的作用，吊笼向下滑落时，偏心夹板在与导轨摩擦力的作用下，将越来越紧，直到将吊笼制停住。为了在钢丝绳断裂时使偏心夹板向下动作更迅速，有的产品还在每块偏心夹板下加装一个加速弹簧，如图 9-7（b）所示。

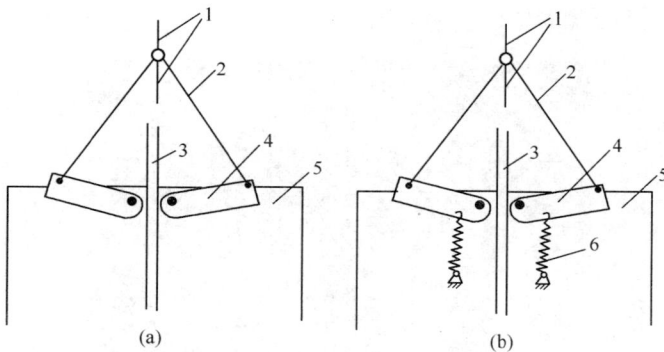

图 9-7　简易夹轨器示意
1—牵引钢丝绳；2—夹板细拉绳；3—井架角钢导轨；4—偏心夹板；
5—吊笼；6—加速弹簧
（a）不带弹簧的简易夹轨器；（b）带弹簧的简易夹轨器

b. 轧管式夹轨器示意图，如图 9-8 所示。它适合于钢管导轨的夹轨防坠。正常时偏心夹块在细钢丝拉绳的拉力下，离开钢管

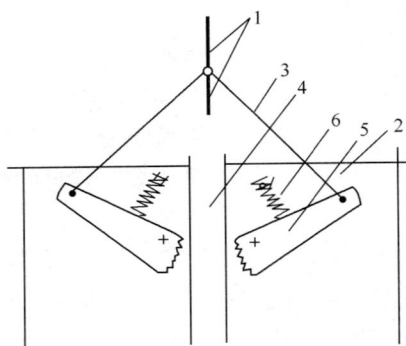

图 9-8　轧管式夹轨器示意图

1—牵引钢丝绳；2—吊笼；3—细钢丝拉绳；4—钢管导轨；

5—偏心轧板；6—加速弹簧

导轨，不影响吊笼运动。一旦发生断绳时，牵引钢丝绳掉落，偏心轧板在重力和加速弹簧推力作用下，迅速将钢管导轨夹牢，由于吊笼向下坠落，偏心轧板受向上的力，越夹越紧，使吊笼迅速制停。轧管式夹轨器实物如图 9-9 所示。

图 9-9　轧管式夹轨器实物安装图

（2）断绳时利用弹簧销和搁板的防坠落装置（瞬时式）

a. 利用弹簧销的断绳防坠落装置示意图，如图 9-10 所示。

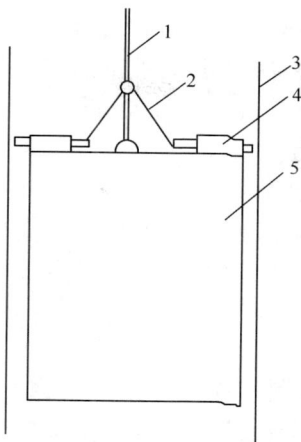

图 9-10　利用弹簧销的断绳防坠落装置示意
1—牵引钢丝绳；2—弹簧销细拉绳；3—导轨架；
4—4 个弹簧销；5—吊笼

在吊笼的横梁上方靠导轨架的两边分别安装 2 个弹簧销，弹簧销尾端固定的细拉绳将弹簧销子拉紧（这时销内弹簧被压缩）联结于牵引钢丝绳上。一旦牵引钢丝绳松弛或断裂，4 个弹簧销将在弹簧弹力的作用下弹出卡入导轨架中，被导轨架的横杆挡住，不使吊笼坠落。

b. 利用搁板的断绳防坠落装意图，如图 9-11 所示。在吊笼的横梁上方靠导轨架的两边分别安装 2 块搁板，平时搁板在细拉绳的作用下内收，不影响吊笼在导轨架内移动，一旦牵引钢丝绳松弛或断裂，搁板将在尾端的重力作用下张开，前尖端将卡入导轨架中，该类装置的优点是结构简单，缺点是起作用时有较大的冲击力作用

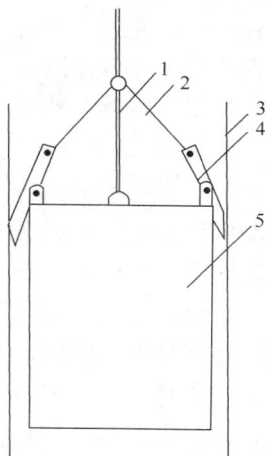

图 9-11　利用搁板的断绳防坠落装置示意
1—牵引钢丝绳；2—搁板细拉绳；3—导轨架；4—4 块搁板；5—吊笼

在井架上，易损坏井架。如果利用井架自身的斜、横杆作搁架，由于其间隔较大，瞬时起作用时冲击力较大，易损坏井架；如果专做间距较小的搁架（如400～500mm），则井架制造成本较大。

2. 安全停靠装置

停靠装置是吊篮停靠在作业层，装、卸物料时的安全保护装置。当吊篮停靠在作业层进出物料时，停靠装置能可靠地支撑吊篮及所载物料和装、卸料人员等全部荷载，形成一个临时工作平台，避免在装卸料作业时，因装卸料人员动作引起吊篮晃动或下滑造成事故。停靠装置将全部荷载都作用于井字架的立柱，可使提升钢丝绳在装、卸料作业时处于不受力状态，防止在装、卸料时因钢丝绳突然断裂或卷扬机制动失灵而发生吊篮坠落事故。

（1）联动式安全停靠装置

安全停靠装置与断绳保险装置合成安装在一起，上部为断绳保险装置，下部为安全停靠装置。用细钢丝绳将安全停层装置与吊笼出料门连接联动，即在门关闭时拉紧细钢丝绳，断绳保险装置打开，吊笼可自由运动；当出料门打开时将细钢丝绳放松，断绳保险装置锁紧作用，这样吊笼就被锁定在导轨上了，这就是楼层停靠安全装置。其原理示意图如图9-12所示。

图9-12（a）所示为断绳保险和安全停层装置装配示意图，上部为断绳保护夹轨器，下部为停靠夹轨器。图9-12（b）所示为断绳保护夹轨器状态示意图，右边为牵引钢丝绳未断时的正常运行状态，夹轨器是张开的；左边为断绳状态，夹轨器处于锁紧状态，可将导轨夹紧不使吊笼坠落。图9-12（c）所示为安全停层夹轨器状态示意图，右边为松开状态，此时门已关闭；左边为出料门已打开的状态，表示吊笼已停靠在某一楼层的出料平台处，这时夹轨器已收紧将导轨夹持住，不使吊笼坠落。

（2）手动式安全停靠装置

a. 挂钩式安全停靠装置是在吊笼的结构架体上，安装有活动的挂钩，当吊笼停到楼层后，取料人员打开层门后，先将挂钩挂在物料提升机的结构架体上，再打开吊笼出料门取料。此种安

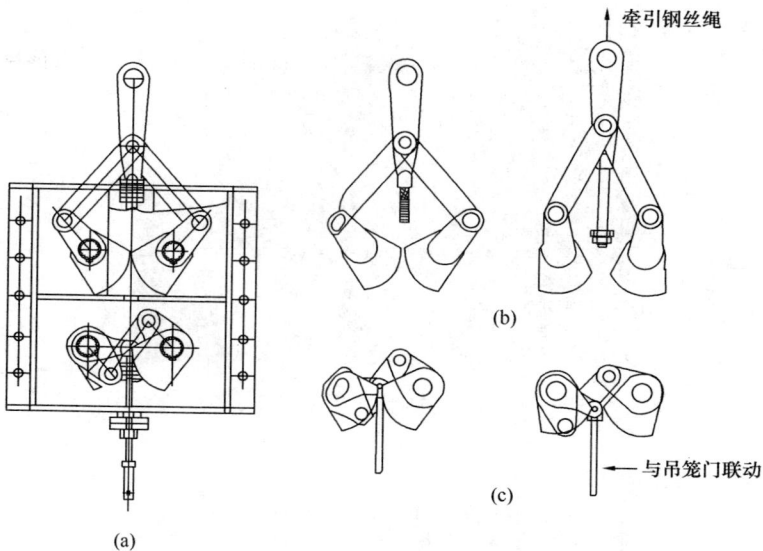

图 9-12　利用夹轨器作楼层停靠装置示意
（a）安全停层装置；（b）断绳保护夹轨器；（c）安全停层夹轨器

全停靠装置在非 SC 型物料提升机上使用较多，即吊笼在架体内部运行。

b. 手动卡阻式安全停靠装置是在吊笼的结构架体的底部，安装有手动的卡阻装置，当吊笼停到楼层后，取料人员需打开吊笼出料门后，先扳动设置在吊笼内靠出料门处的扳手，用杠杆原理使吊笼底部的卡阻杆伸出，并插到物料提升机结构架体内，以达到安全停层的目的（图 9-13）。该安全停层装置与弹簧销和搁板式的防坠落装置原理类似。该安全停靠装置的缺陷是：取料人员要进入吊笼，才能进行安全停靠操作。

3. 安全防坠器

SC 型物料提升机采用 SAJ30-1.2 型安全防坠器（图 9-14），当物料提升机运行时，齿轮轴的小齿轮与导轨架上的齿条啮合，齿轮轴随之转动。吊笼以额定速度向下运行时，离心块在弹簧力

图 9-13　手动卡阻式安全停靠装置

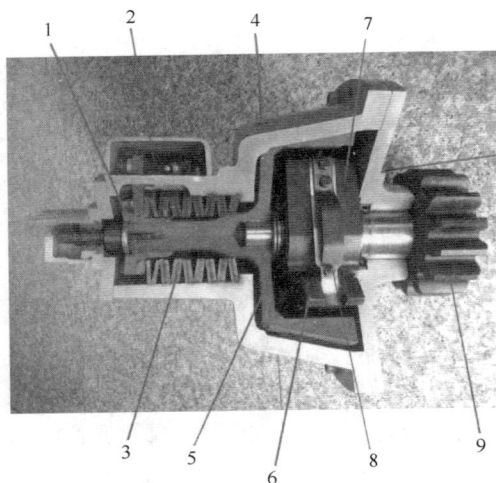

图 9-14　防坠安全器结构图

1—铜螺母；2—安全开关；3—碟形弹簧；4—锥形壳体（内锥体）；

5—锥形铁芯（外锥体）；6—离心块；7—离心块座；

8—压簧片；9—齿轮

的作用下与齿轮轴的离心块座紧贴在一起。当吊笼向下运行速度
超出额定速度时，离心块克服弹簧力的作用向外甩出，离心块的

154

尖端与外锥体内表面的凸缘接触，并带动外锥体一起旋转，装在外锥体轴端的铜螺母随之做轴向移动，因此当外锥体旋转时，铜螺母便向内移动而压紧碟形弹簧。在碟形弹簧的反作用力下，内、外锥体摩擦面的压紧力随之逐渐增大，同时制动力矩也逐渐加大，直至吊笼停止运行，从而达到平稳制动目的。在制动过程的同时，安全开关动作，自带切断驱动装置的动力电源。

4. 齿条止挡装置（图 8-44）

齿条止挡装置是焊接在物料提升机传动板吊笼外侧面的二块金属体，两块金属体间的距离应略大于相对两个齿轮间的中心距，止挡块与齿条背面的间距为 2～3mm。齿条止挡装置的作用是防止齿轮齿条在运行过程中，因意外二齿脱离而造成吊笼坠落事故。

图 9-15　绳筒保护装置

5. 滑轮防钢丝绳脱槽和绳筒保护装置

绳筒保护装置是为保护卷筒上的钢丝绳，在运行过程中不被卷到卷筒外的装置，是图 9-15 中用圆钢连接卷筒边缘两个半圆弧的装置。滑轮防钢丝绳脱槽装置（图 9-16）是在滑轮的翼缘用挡块卡住滑轮槽，防止钢丝绳从滑轮槽脱离或卡入滑轮侧面等的措施，要求挡块与滑轮翼缘的间隙 a 小于钢丝绳直径的 20%。

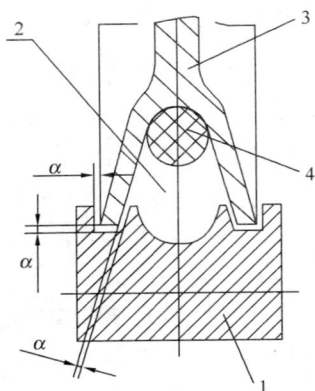

图 9-16　滑轮防钢丝绳脱槽装置
1—挡块；2—滑轮槽；3—滑轮；4—钢丝绳

6. 缓冲装置

物料提升机的缓冲装置安装在底部，在吊笼的下方，有的安装在底架上，也有的单独固定在混凝土基础上（图 9-17）。缓冲装置主要是防止吊笼意外蹲底时，用以缓冲吊笼与基础的刚性碰撞，以减轻冲击保护设备和基础等。物料提升机一般采用弹簧或橡胶的缓冲装置。

图 9-17　物料提升机底架和缓冲弹簧

7. 安全钩

安全钩是安装在吊笼的结构架体上，在主动齿轮的下方，运行时钩住物料提升机架体导轨的装置（图 9-18）。防止吊笼在意外冲顶，主动齿轮越程脱离齿条，此时安全钩钩住架体的导轨，保持吊笼在轨不下坠。安全钩用在吊笼在立柱导轨外运行的物料提升机。

8. 安全节

安全节安装在物料提升机导轨架的顶部，是一节去掉齿条的标准节，作用是防止吊笼主动齿轮越程冲顶，如图 9-19 所示。SC 型物料提升机的导轨架应安装安全节。

图 9-18　吊笼安全钩

图 9-19　SC 型物料提升机工程应用示意图

1—附墙架；2—悬挑层平台；3—层门及防护；4—楼层标牌；
5—安全节；6—防护棚；7—基础

第四节 物料提升机的使用安全防护

物料提升机使用时的安全防护措施主要包括以下几个方面：安全防护棚，层门，层平台，架体围护，吊笼运行通道，护线圈等，这些措施着重于物料提升机外围的安全使用防护措施。部分安全防护措施的具体位置如图 9-19 所示。

1. 安全防护棚

安全防护棚搭设在物料提升机进料口处，用于防护进入危险区域的送料人员。安全防护棚顶应双层搭设，两层之间至少应保持 600mm 的间距，上层可用竹笆片纵横满铺，下层可用硬质木模板纵横满铺。安全防护棚的宽度应略大于物料提升机进料口的宽度，内净高度不低于 2.5m，长度应根据建筑物的坠落距离选择，一般不小于 3m。防护棚应使用型钢或钢管搭设，基础和棚架须稳固，棚内应设置相关物料提升机图牌和安全宣传图牌等。

2. 层门与层平台

层门和层平台按建筑物的层次每层搭设，并与建筑物牢固连接。用建筑钢管连续搭设层平台高度不宜超过 20m，层平台应满铺硬质木板或其他硬质材料。借用建筑物的临边，也可以不搭设层平台，让物料提升机的吊笼沿建筑物楼层的临边上下运行，但应保证吊笼运行的边缘与楼层临边的间距应小于 60mm。作为垂直防护和物料通道的层门应每层设置，且在层门处标明楼层号，楼层门宽度与物料提升机出料口门宜相同，高度不低于 1.8m，楼层门只可向建筑物内侧方向开启，除进出物料外均应关闭，门扇应采用钢板网等材料制作，层门两侧应进行封闭防护，具体参照《龙门架及井架物料提升机安全技术规范》JGJ 88 要求执行。

禁止层平台与建筑脚手架产生结构连接。

3. 架体围护

吊笼在物料提升机架体立柱内运行的，宜对架体外侧的立面进行封闭围护，以防散件物料坠落等。封闭架体的材料宜采用密目安全网等，具有一定的透视效果。

4. 吊笼通道

在吊笼上下运行的通道内，应无阻碍吊笼运行的障碍物。操作司机班前应检查，操作时应进行确认。

5. 电缆护圈

吊笼在物料提升架体立柱外运行，吊笼的随行电缆因风或其他的影响，可能会碰到吊笼周围的固定物体，从而产生电缆扯断或其他安全问题。为防止此类问题的发生，在电缆通过的区间内，最多每隔 6m 设置一道电缆护圈，以保证电缆运行在规定的区域内。电缆护圈的安装图如图 9-20 所示。

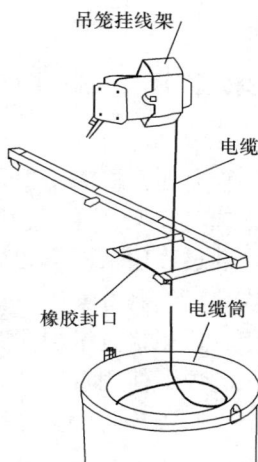

图 9-20　电缆护圈安装示意图

第十章　物料提升机的使用与维护保养

物料提升机的使用，从工程项目管理的角度来看，应从机械设备选型开始，直至拆除退场为止，贯穿项目使用全过程的管理。其过程包括机械选型、购置或租赁、机械维保安拆单位和人员确认、编制方案、设备进场验收、安装调试、检验检测、操作使用、过程检查维护保养和拆除退场、技术资料归档等。物料提升机的项目使用管理分为进场前期工作、安拆和检测、操作使用和资料归档等阶段，进场前期工作含机械选型、购置或租赁、机械单位和人员确认、编制方案等环节；安拆和检测含物料提升机的设备进场验收、安装调试、检验检测和拆除退场等环节；操作使用含操作司机班前、班中、班后的操作和检查维保管理等环节；资料归档含对前述各环节所形成的资料进行分类编码、整理归档等。

第一节　物料提升机进场前期工作

1. 物料提升机安全使用的基本规定

（1）物料提升机严禁载人。

（2）物料提升机在工程项目操作使用时应满足下列条件：

1）所处的环境温度应为 $-20\sim40℃$；

2）导轨架顶部风速不大于 20m/s（相当于 8 级风）；

3）电源电压值与额定电压值偏差为 $\pm5\%$，供电功率不小于产品使用说明书的规定值。

（3）工程项目用物料提升机的额定起重量不宜超过 20kN，安装高度不宜超过 30m。当安装高度超过 30m 时，物料提升机除应具有起重量限制、防坠保护、停层及限位功能外，尚应符合下列规定：

1）吊笼应具有自停层功能，停层后吊笼底板与停层平台的垂直高度偏差不应超过 30mm；

2）防坠安全器应为渐进式；

3）应具有自升降安拆功能；

4）应具有语音及影像信号。

（4）物料提升机吊笼的额定运行速度不应大于 32m/min。

（5）物料提升机的机械状况，符合可以使用、出租的规定。

（6）物料提升机的司机须持特种作业资格证书上岗等。

物料提升机安全使用，具体要求须参照其使用说明书的规定。

2. 物料提升机的选型和定位

（1）物料提升机的选型

物料提升机的选型，在工程项目管理中是重要的技术环节，应在工程项目的施工组织设计编制过程中策划确定。选型既要符合前述的安全操作的基本规定，又要满足工程项目施工的要求。主要针对物料提升机额定的载重量、高度、立柱的形式和附着方式进行选择。物料提升机的载重量与工程施工需要运送物料的性质有关系，因此，选择机械的载重量应大于需要运送的最大物料，并且与施工进度计划安排要相融合。一般建筑工程使用的物料提升机的额定载重量在 1t 以下。物料提升机的高度选择，与建筑物有关。物料提升机立柱形式和附着方式的选择，取决于需要运送物料的几何尺寸。

（2）物料提升机的现场定位

物料提升机的现场定位，与建筑物的结构、施工现场物料运送的路线有关，在编制工程项目的施工组织设计时，物料提升机的安装位置应予明确。物料提升机的基础是否在地下室的顶板上，有关基础承载力核算的问题，地下室顶板是否应进行回顶加固等，产权单位提供物料提升机载荷的参数，由总包单位结合地基数据并进行验算，必要时应要求设计方进行确认。物料提升机的基础位置，应可以安装接地装置，也可直接利用建筑物的接地装置。

3. 物料提升机的选购、调拨或租赁

项目施工组织设计中确定的物料提升机，来源是购置、调拨或租赁。购置设备可以按型号联系有资质的制造商，进行洽谈购置。但调拨和租赁一般是旧设备，必须注意进场前的实物检查验收，要确认机械型号、技术参数和设备现有高度等是否满足工程施工需要，确认机械设备的状态是否完好，安全保险装置是否齐全，主要构件是否锈蚀变形等。并对机械设备的档案资料进行审查，资料与机械的实物是否一致，基本的技术档案资料原件是否完整，是否符合行业部门的相关规定等。

4. 物料提升机的产权、安装单位和安拆人员

如租赁物料提升机，确认其实物和资料符合要求后，使用单位应与产权单位签订租赁合同和安全生产管理协议，确定机械设备的进场日期。如物料提升机由专业单位安装，应同时签订安装拆除合同和安全生产管理协议，约定安装日期、落实有资格的安拆人员和其他相关事项。物料提升机在项目使用期间的定期维护保养和修理，可以委托专业单位，并签订机械维护保养、修理的协议和安全生产管理协议。使用单位的物料提升机操作司机，应参与安装和产权单位的有关事项。

5. 物料提升机安拆方案的编制

物料提升机进场安装前，应编制专项方案。专项方案一般由专业安装单位编制，编制前应事先掌握物料提升机的各项技术参数，并到项目现场确认。专项方案编制完成后，经专业安装单位部门审核和技术负责人批准后，报总包单位部门审核，经技术负责人批准后，由项目经理报监理单位的专监审核和总监批准。如涉及超过一定规模的危险性较大的分部分项工程，应由总包单位负责组织专家论证等。

第二节 物料提升机安拆检测

1. 物料提升机安拆前的工作

专业安拆单位在进行物料提升机安拆作业前，应告知当地主管部门。项目部应对专业安拆单位进行方案交底工作，安拆单位的方案编制人员或现场管理人员对安拆班组应分别进行每班的安全和技术交底，专监和总包单位的安全员应旁站监督。

安装前总包单位应组织监理单位、产权单位和安装单位，对物料提升机的基础进行验收，对进场的物料提升机的部件零件进行验收，对辅助起重设备和安全设施进行查验，确认机械满足施工组织设计和专项方案的要求后，方可组织施工人员进行安装作业。物料提升机司机应参与机械设备的安拆工作，主要职责是清查保养和保管零部件，掌握各安全保护装置的性能参数，熟悉机械说明书的技术要求和机械设备现场情况等。

2. 物料提升机的安拆作业和调试

物料提升机的安拆作业是危险性较大的分部分项工程，应由持相应资格证书的人参加作业，监理和总包单位的施工安全管理人员应进行核验和全程旁站监督。安拆作业前的各项准备工作应充分，安拆场所范围应进行警戒。物料提升机司机应参加机械的安装和调试工作，确认安装的各部件准确到位，各安全限位和保护装置灵敏有效，操作指令能准确有效执行等。

3. 物料提升机的验收和检测

物料提升机的验收分为安装前验收、安装过程验收和整体检测、验收等，安装前的验收主要是基础验收、附着预埋验收、零部件验收和技术档案资料验收；安装过程验收是对物料提升机安装某机构、总成和安全保护装置的验收；整体检测验收是在物料提升机安装完成后进行的，是对机械设备整体性能的验收。安装前验收较为关键，主要是基础和埋件的隐蔽验收，查验零部件是否锈蚀变形，保养是否良好，是否是原制造商产品，后配零部件是否符合要求等。

物料提升机的检测，是由总包单位委托第三方有资的机构，对安装调试完成的物料提升机进行全面的检验和测量，并出具相应的报告。物料提升机整体验收是由总包单位组织机械的产权单位、安装单位、使用单位和监理单位，依据安装前和过程验收的资料、检测报告和使用说明书等文件，结合现场机械所处位置的各种安全措施到位的情况，作出验收结论。检测和验收合格后，物料提升机方可交付投入使用，同时应附物料提升机司机资格证书和相关资料，到当地主管部门办理使用登记证等。使用登记证、操作人员证件、安全使用规程和危大工程告示牌、验收牌等，应悬挂在物料提升机的底部明显位置。

物料提升机司机应对检测和验收的结论进行了解，接受现场管理人员的操作使用安全技术交底，按操作规程操作物料提升机等。物料提升机的拆除管理同安装管理。拆除前物料提升机司机应把所记载的资料移交使用单位，收集整理物料提升机的附件等。

第三节　物料提升机的操作使用

1. 物料提升机操作使用前

（1）操作室的设置

物料提升机的司机操作室，应距离物料提升机底部 15m 以上，设置在地势略高不易积水的地方。如设置在脚手架边，应搭设安全防护棚，确保司机的视线良好。操作室内应设置灭火器、操作规程牌、日常检查和维护保养记录等，室内应保持清洁、干燥。操作使用前应经各方验收合格。操作室的设置及其防护棚如图 10-1 所示。

（2）层站平台的设置

物料提升机的层站平台应每层设置，平台搭设应牢固，与建筑的连接应可靠，平面和立面应全封闭防护。操作使用前，应经各方验收合格。如图 10-2 所示。

图10-1　物料提升机操作室及其防护棚示意图

图10-2　物料提升机层站平台搭设示意

（3）物料提升机操作司机为特种作业人员，应当经专业培训考核合格，并取得由建设行政主管部门颁发的资格证书。上岗操作前，应接受项目部施工管理人员的安全和技术交底。

（4）司机操作前的安全检查

司机操作前的安全检查就是机械的日常检查，日常检查规定了须检查机械的具体部位，也就是规定的每个点位都应检查，也称点检。

1）各安全限位动作是否灵敏可靠，保护装置无松动脱落现象，基础有无异常，是否积水。

2）钢丝绳是否完好（限 SS 型物料提升机）。

3）结构件各连接点螺栓是否紧固。

4）架体结构件和导轨无开焊、锈蚀及明显变形现象。

5）钢丝绳、滑轮组的运动、磨损和端部固接情况（限 SS 型物料提升机）。

6）电压是否正常，仪表指示是否准确，信号声响、视频影像是否清晰，设备电气设备、操作系统是否可靠等。

7）层站平台门正常关闭，吊笼运行通道内有无障碍物；底部围栏完好，围栏门开启正常，联锁有效。

8）操作室内是否配备灭火器，操作台、开关箱电气接地装置是否可靠。

9）制动器工作是否正常，防护和连接是否可靠。

10）风力正常，视线清晰，无妨碍正常作业的自然气候现象。

2. 物料提升机司机操作使用程序和注意事项

（1）操作吊笼动作前，操作人员应精力集中，按"作业前安全检查"规定检查正常后，方可进入操作程序。

（2）确认操作台各按钮手柄置于零位，然后逐级接通电源。先闭合末端箱电源开关，再合上操作台电源开关，查看电压表、指示灯等是否正常。

（3）首先按启动按钮，工作指示灯正常亮起后，按住电铃按钮，查看视频是否清晰，铃声是否正常。再按紧急停止按钮，此时工作指示应熄灭，无法进行工作启动。

（4）恢复紧急停止按钮，重新按启动按钮，方可通过操作台面板操作吊笼升降，吊笼空载运行一次。

（5）待物料装进吊笼，操作人员关好吊笼门和底部外围栏门，发出起升信号后，操作司机应按响电铃，再操作起升手柄或按钮。

（6）当吊笼吊离地面约 30～50cm 的距离时，应停住吊笼约 5s，经观察吊笼停稳无下滑迹象后，方可操作吊笼继续上升。

（7）当吊笼接近所需要停层的高度时，应提前鸣铃提醒接料人员，并通过视频或目视观察吊笼的运行情况。

（8）当吊笼停靠所需楼层，接料人员打开层门进入吊笼时，操作人员禁止触动操作手柄或按钮。层门未关闭或关闭不严，应禁止吊笼停靠或运行。

（9）卸料完毕，将吊笼门关闭和关好层门后，接料人员发出下行信号，操作司机应鸣铃响应后，再操作手柄或按钮下行。

（10）在吊笼运行过程中，如底部围栏门意外打开或有异常声响等情况，应立即停止运行，查明原因，恢复正常后方可继续操作运行。

3. 物料提升机司机下班前注意事项

（1）吊笼应停放在地面，关闭吊笼门和外围栏门并锁好。

（2）各控制开关和操作手柄等应放至零位。

（3）清点整理好随机附件，在《机械运转、保养和点检记录》上记载当班工作内容、运行台时、故障修理和保养等情况，并签字交下一班操作人员。

（4）切断主电源，锁好操作台、电源箱和操作室门。

4. 其他操作使用注意事项

（1）SSB 型物料提升机，因吊笼在结构架体内部运行，出料时需拆除部分结构架体的水平横杆和斜杆，但不得随意拆除。各楼层的出入口拆除水平横杆或斜杆，尽量只拆一根，最多拆一根水平横杆和一根斜杆，不允许连续拆除开口。每层必须与建筑物作刚性锚固即附墙，以保持结构架体的刚度和稳定。

（2）物料提升机的操作人员应实行定人、定机、定岗位和定职责的"四定"和交接班制度，推行机长制，人、机相对固定操作。

（3）禁止装载危险和化学爆炸物品等，严禁超载使用。不得以上下限位装置作为停车操作。

（4）物料在提升吊笼内应均匀分布，当长料在吊笼中立放时，应采取防滚落措施，并禁止超出笼体；散料应装箱或装笼后运送。

（5）禁止在物料提升机运行过程中，进行擦洗、注油等保养和修理工作。

（6）雨、雾、雪、霾和大风等天气，影响物料提升机和作业人员安全的气候，禁止操作使用物料提升机。经历大风、暴雨天气后，应进行检查，验收合格后，方可使用。

（7）物料提升机使用超过 1 年，停工闲置超过 6 个月，应委托第三方进行性能检测。

（8）物料提升机应符合《龙门架及井架物料提升机安全技术规范》JGJ 88 和《建筑施工安全检查标准》JGJ 59 的要求。操作人员应遵守安全操作规程，有权拒绝违反安全规定的指挥；发现可能危及安全生产的隐患，有权立即停止作业。

（9）应建立物料提升机技术档案。档案内容包括：产品生产制造许可证书；产品合格证书；使用说明书；技术性能参数；安装和拆卸专项施工方案；安装单位自检报告；有资质的设备安装质量检验检测单位的检验合格证书；安装、使用和监理单位联合验收报告等。

第四节　物料提升机的维护保养

机械的维护保养分为例行保养（日常保养）、初级保养和高级保养。例行保养就是日常保养，一般由操作人员执行，与操作前的安全点检相结合，点检就是按要求应每日对规定的机械部位进行检查。初级保养是指每月定期的维护保养，由专业人员进行的工作，操作司机应辅助进行，一般是项目在机械租赁时或进场安装前就约定的事项，此项维护保养涉及的范围相对大，内容更多些，发现问题应进行小型的修理和零件更换等。高级保养一般是在机械拆除后，在专业单位场地内进行的维护保养，需要拆解机械的各总成和机构，必要时应进行零件修理或更换零件，此项工作由专业单位进行。注意：进行物料提升机的维护保养，必须停止作业，关闭电源，并派专人值守。初级保养至少应2人以上进行配合作业。

1．物料提升机的例行保养（日常保养、点检）

进行机械的例行维护保养是操作司机基本的职责，会维护保养是其基本的技能。除新购设备初期运行40h须更换各机构润滑油和润滑运动部件、调整紧固连接处外，平时机械维护保养的主要内容、方法和要求如下：

（1）当班司机应进行例行保养，作业时间可安排在每班班前、班中、班后进行。

（2）维护保养作业主要按表10-1内容进行每点检查，维护保养的方法是：调整、紧固、润滑、清洁、防腐的"十字作业法"。

（3）当班司机发现设备存在不符合标准要求时，应停止作业并汇报现场管理人员，项目部应及时联系专业维修人员维修。

（4）点检、保养过程中，发现不符合保养要求的，应在"结果"栏中记录写明缘由和处理的措施；对暂时不好处理，又不影响操作的项目，提出整改措施及要求，并汇报现场管理人员。

物料提升机日常点检、保养记录表　　　　　　　　表 10-1

序号	点检项目	点检和保养要求	结果
1	基础	基础应无沉降、无积水	
		地脚螺栓无松动、弯曲和断裂现象	
		接地装置应连接紧固	
2	围护设施	防护围栏应完好，无损坏	
		围栏门机电联锁装置可靠、有效，围栏门开启时吊笼不能启动	
		围栏门滑轮螺栓应无松动	
		层站平台稳固，立面封闭围护，层门关闭正常，吊笼运行通道无障碍物	
		清洁围栏门及吊笼门滑轮滑道，确保无异物	
3	钢结构	钢结构应无明显变形、扭曲、焊缝裂纹等现象，无违规拆除架体水平横杆和斜杆现象	
		架体或导轨架标准节连接螺栓、附墙装置与建筑物连接螺栓应牢固可靠	
		销轴连接应齐全到位，轴向止动可靠，开口销使用正确	
4	吊笼	吊笼底板完好，除前后出料门以外的两侧应有可靠的围栏	
		吊笼顶板封闭正常，吊笼主结构架体符合要求	
		吊笼进出料门完好、机电联锁装置有效。确保吊笼在门完全关闭后才能启动。吊笼滚轮组固定良好，间隙合理，运转灵活	
5	传动系统	传动机构运行正常无异响，无漏油现象；齿轮齿条啮合良好	
		制动器制动性能良好可靠，转动零部件外露部分有防护罩	
		作业前应试运行，确认制动器灵敏可靠	
		导向轮连接及润滑良好，导向灵活，无明显倾斜偏摆现象	

序号	点检项目	点检和保养要求	结果
6	钢丝绳、滑轮	钢丝绳应无拖地现象	
		钢丝绳在卷筒上应排列整齐，钢丝绳防脱装置完好	
		钢丝绳两端应紧固牢靠，绳卡应符合规定	
		钢丝绳应无砂粒及杂物	
		钢丝绳应润滑良好，必要时宜涂抹润滑脂适度润滑	
		钢丝绳断丝、磨损、扭曲变形等超出要求时，应予更换	
		滑轮转动灵活，无裂纹缺口，磨损正常，防脱槽装置完好	
7	电气系统	系统运转正常，无误动作及异响	
		电控系统中的仪表指示准确，操纵杆、电铃按钮、急停开关按钮、照明灯按钮等应灵敏有效	
		各部位行程开关应完好、灵敏可靠	
		带有影像及双向通信功能的监控系统，工作正常	
		电缆无破损现象，电缆托架及保护架应连接牢固，电缆运行通畅	
		连接线端子、熔断器接头应连接良好、牢固可靠	
		配电箱内无杂物和污物，PE线和电气跨接连接可靠	
8	安全装置	防坠安全器（或断绳保护装置）应完好	
		安全停靠（安全停层）装置有效、可靠	
		重量限制器有效、可靠	
		上、下限位装置应设置正确	
		安全钩、缓冲装置位置状况是否正确良好	
		作业前应在全行程内空载运行一次，以确认运行正常	

序号	点检项目	点检和保养要求	结果
9	润滑	每工作一周检查减速器油面，必要时添加齿轮油	
		每工作一周对对重滑道、围栏门滑道、吊笼门滑道、门配重滑道、吊笼导轮滑道涂刷油脂	
10	清洁	应及时清除吊笼内和吊笼下部基础内残留的建筑垃圾、油污和积水	
		应及时清洁笼底的弹簧缓冲器，确保其正常工作	
		应清洁电机外壳、传动机构、防坠安全器（或断绳保护装置）、安全停靠装置等部件，部件上应无异物	
		班后应关闭电源，关（锁）好门窗	

2. 物料提升机的初级保养

初级维护保养以专业维护保养人员为主导进行，操作司机辅助。初级保养应定期进行，每隔30d左右维护保养一次。初级保养进行时，项目部施工管理人员、安全员和监理单位人员应到场，对维护保养的质量、运行时机械存在的问题和要求进行交底、把关。初级保养一次的持续时间，应不小于2h，检查应全面，保养应彻底，项目部应安排专项的时间用于初级保养。

初级保养的方法以"十字作业法"为基础，首先应对物料提升机按表10-2内容进行检查，再根据检查的结果，采取相应的处置措施。检查中发现磨损严重、已经损坏的部件，应及时进行更换。对影响物料提升机安全运行的，暂不能解决的问题或现象，应建议停止使用并提出整改方案，待采取的整改措施到位后，经检查验收合格后，再行使用。初级保养结束后，专业保养单位应提交保养记录或报告，经项目部施工管理人员、监理单位共同认可后，初级保养方可结束。

物料提升机月度例行检查、保养记录表　　表 10-2

序号	检查项目	保养要求	结果
1	基础	基础无沉降、无积水	
		地脚螺栓无松动、弯曲和断裂现象	
		接地装置连接紧固	
		紧固地脚螺栓，达到规定扭矩	
		地脚螺栓及螺母涂抹油脂防锈，使之与空气隔绝	
2	围护设施	防护围栏应完好，无损坏	
		围栏门机电联锁装置可靠、有效，围栏门开启时吊笼不能启动	
		紧固围栏门滑轮螺栓	
		清洁围栏门及吊笼门滑轮滑道	
3	钢结构	钢结构应无明显变形、扭曲、焊缝裂纹等现象	
		架体或导轨架标准节连接螺栓、附墙装置与建筑物连接螺栓应牢固可靠	
		销轴连接应齐全到位，轴向止动可靠，开口销使用正确	
		导轨架或架体的连接螺栓、导轮连接螺栓及其他连接件上的连接螺栓应紧固连接	
		天轮和架底导向轮应有防护罩，转动灵活无异响，连接可靠	
		附墙装置连接件应按规定紧固	
4	吊笼	吊笼底板完好，除前后出料门以外的两侧应有可靠的围栏	
		吊笼进出料门完好、机电联锁装置有效。确保吊笼在门完全关闭后才能启动	
		吊笼顶板封闭正常，无异常变形	
		吊笼各受力件应完整无变形，所有连接螺栓应紧固可靠，及时修复开焊、裂缝或变形的结构件	
		检查导向轮、对重导向装置及滑轮轴承的完好状况，应保持转动（或滑动）灵活必要时进行调整或更换	

序号	检查项目	保养要求	结果
5	传动系统	传动机构运行正常无异响，无漏油现象，齿轮齿条啮合良好	
		检查制动衬垫磨损程度和制动轮情况，调整制动间隙大小，吊笼满载制动距离不大于 350mm，转动零部件外露部分有防护罩	
		作业前应进行空载试运行，确认制动器灵敏可靠	
		导向轮连接及润滑良好，导向灵活，无明显倾斜偏摆现象	
		检查调整导向滚轮与导轨的间隙，该间隙应不大于 0.50mm	
		过度磨损的导向轮、制动衬垫等部件应予更换	
6	钢丝绳、滑轮	钢丝绳应无拖地现象	
		钢丝绳在卷筒上应排列整齐，防脱绳装置完好。当吊笼处于工作最低位置时，卷筒上的钢丝绳应不少于三圈（不含曳引机）	
		钢丝绳两端应紧固牢靠，绳卡应符合规定	
		钢丝绳应无砂粒及杂物	
		钢丝绳应润滑良好，必要时宜涂抹润滑脂适度润滑	
		滑轮转动灵活，无裂纹缺口，磨损正常，防脱槽装置完好	
		钢丝绳断丝、磨损、扭曲变形等超出《起重机钢丝绳保养、维护、安装、检验和报废》GB/T 5972要求时，应予更换	

序号	检查项目	保养要求	结果
7	电气系统	系统运转正常，无误动作及异响	
		电控系统中的仪表指示准确，操纵杆、电铃按钮、急停开关按钮、照明灯按钮等应灵敏有效	
		各部位行程开关应完好、灵敏可靠	
		带有影像及双向通讯功能的监控系统，工作正常	
		电缆无破损现象，电缆托架及保护架应连接牢固，电缆运行通畅	
		连接线端子、熔断器接头应连接良好、牢固可靠	
		配电箱内无污物，PE线和电气跨接连接可靠	
		测试接地电阻，接地电阻值应不大于4Ω	
		清除控制箱、接触器上的灰尘和铜屑，修磨或更换烧蚀磨损的触头，使其接触均匀，间隙适当	
		清除操作台内部积尘，接线端子和各部触头应无氧化、烧蚀及弧坑现象，电气设备绝缘电阻应不小于0.5MΩ，电气线路绝缘电阻应不小于1MΩ	
8	安全装置	防坠安全器（或断绳保护装置）应完好，检验并润滑	
		安全停靠（安全停层）装置有效、可靠，检验并润滑	
		重量限制器有效、可靠，重量误差值应小于2%	
		上、下限位装置应设置正确，吊笼停止后距架体顶部大于3m	
		作业前应在全行程内运行一次，以确认运行正常	
9	润滑	检查减速器油面，必要时添加齿轮油	
		对对重滑道、围栏门滑道、吊笼门滑道、门配重滑道、吊笼导轮滑道涂刷油脂	

序号	检查项目	保养要求	结果
10	清洁	应及时清除吊笼内和吊笼下部基础内残留的建筑垃圾、油污和积水	
		应及时清洁笼底的弹簧缓冲器，确保其正常工作	
		应清洁电机外壳、传动机构、防坠安全器（或断绳保护装置）、安全停靠装置等部件，部件上应无异物	

3. 物料提升机齿轮齿条正确啮合知识

齿轮齿条啮合接触面沿齿高不小于 40％，接触面在节圆两侧应均匀分布，在齿宽方向上应居中，啮合长度不小于齿条宽度的 90％。具体如图 10-3～图 10-6 所示。

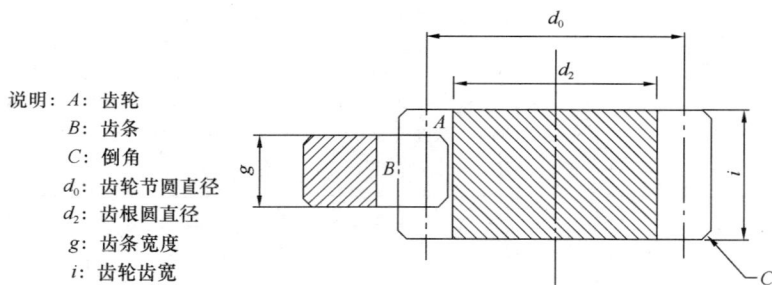

说明：A：齿轮
　　　B：齿条
　　　C：倒角
　　　d_0：齿轮节圆直径
　　　d_2：齿根圆直径
　　　g：齿条宽度
　　　i：齿轮齿宽

图 10-3　齿轮齿条在宽度方向上的正确啮合

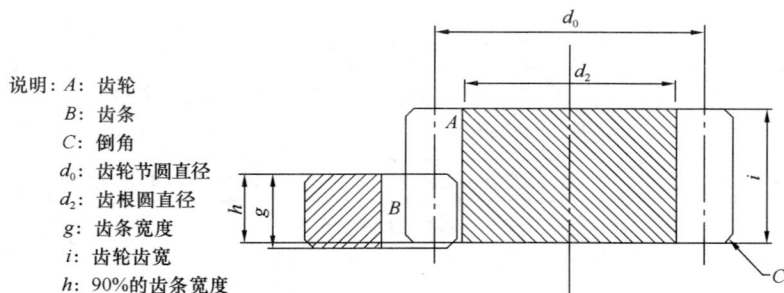

说明：A：齿轮
　　　B：齿条
　　　C：倒角
　　　d_0：齿轮节圆直径
　　　d_2：齿根圆直径
　　　g：齿条宽度
　　　i：齿轮齿宽
　　　h：90％的齿条宽度

图 10-4　齿轮齿条在宽度方向上最小啮合宽度

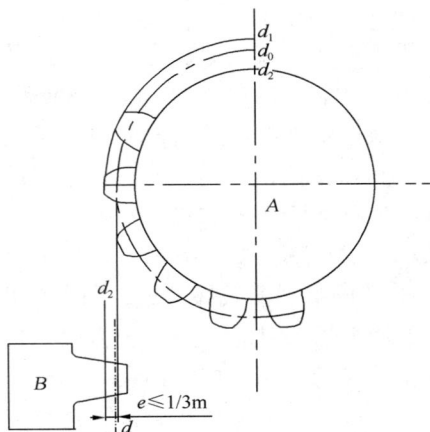

说明：*A*：齿轮　*B*：齿条
d_1：齿顶圆直径
d_0：齿轮节圆直径
d_2：齿根圆直径
d：齿条节线
m：齿轮模数
e：最大为模数的1/3

图 10-5　齿轮齿条在齿高方向上的正确啮合间隙

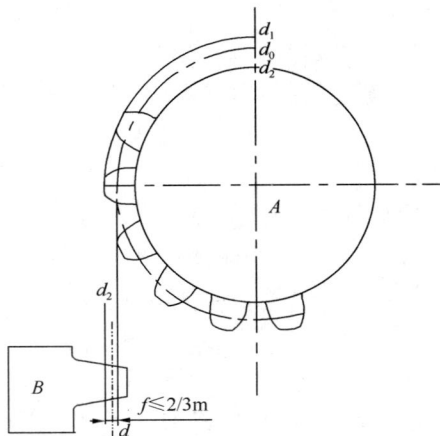

说明：*A*：齿轮　*B*：齿条
d_1：齿顶圆直径
d_0：齿轮节圆直径
d_2：齿根圆直径
d：齿条节线
m：齿轮模数
f：最大为模数的2/3

图 10-6　齿轮齿条在齿高方向上的最大啮合间隙

第五节　常见故障及原因分析

物料提升机的常见故障分为电气类和机械类。电气类故障主要表现为：操作主令开关时，电机不工作；送不上电；或吊笼越过行程不停止；或电机有噪声但不运转；或电气箱电路电器烧焦及有味等。这些故障要针对发生的部位和现象，进行原因分析后，才能判断出故障并得出结论。机械类故障相对比较直接，主要表现是：异响、松动、卡阻、转不动或不转等。物料提升机司机能够根据故障现象和自己掌握的机械、电气原理等，找出故障原因，采取正确的处置方法，是操作司机三项基本技能之一。

1. 低压电器的破坏形式、原因分析和处置方法

低压电器的破坏形式一般有以下几种：绝缘击穿、触点烧蚀或熔粘、线圈短路、接触不良、机械损坏和主体破坏等。

（1）按钮的损坏一般有以下几种情况：

1）按钮机械损坏，故障现象是按钮按不下去，主要原因是按钮的弹簧损坏或机械传动部分卡阻等。

2）按钮接不通电路，故障现象是按钮按下去电路不工作，一般是因为按钮的电气触点不闭合、错位或接触不良等。

3）紧急按钮不自锁，一般是按钮机械方面存在问题。

按钮损坏后，不建议维修，因价值低采购方便，应直接更换。

（2）行程开关的损坏一般有以下情况：

1）行程开关的碰杆（机械触碰装置）变形，到规定位置时，行程开关碰不到规定部位不动作。

2）行程开关壳体或摇杆固定不稳固，与机械碰触部分的力量不够，不能使行程开关动作。

3）行程开关内部机构损坏，不能使行程开头动作等。

（3）万能转换开关损坏的故障表现是：扳不动或扳动后工作机构没反应。一般有以下几种情况：

1）扳不动万能转换开关手柄，主要是因为该转换开关的内部机构的凸轮损坏或卡阻。

2）扳动手柄后，电路不工作，一般因为是触点接触不良或错位或脱落等。

（4）空气断路器（漏电保护器）损坏的故障表现是：送不上电。一般有以下几种情况：

1）漏电保护器试跳按钮按下后，漏电保护器不工作，主要因为内部零序电流测试电路故障或按钮本身损坏等。

2）空气断路器（漏电保护器）的手柄合接合不上，主要因为内部脱钩机构故障等。

3）空气断路器（漏电保护器）发热，主要是因为触点接触位置或接线位置接触不良，接触电阻相对高，在电流通过时产生热能，这种故障现象很危险。因内部触点的问题，引起三相不平衡，会导致用电设备烧毁等。

4）空气断路器（漏电保护器）基础件破损，绝缘破坏。

要避免空气断路器（漏电保护器）的损坏，首先要求操作人员认真按规范进行电路作业，其次产生以上情况后应进行更换。

（5）接触器损坏的故障表现是：电机不工作或电机有异响等。一般有以下几种情况：

1）触点烧蚀损坏，二个触点结合不上，造成主电路个别断电，电动机缺相运行，导致电动机烧毁。

2）触点被烧熔结不能分离，使电动机不受控制电路的控制而停止，会造成物料提升机冒（冲）顶事故等，这种情况下必须按下紧急停止按钮处理。

3）触点掉落或错位等，故障现象同第一种情况。

4）控制线圈被烧毁或接触不良而断路。往往操作手柄后，接触器没有动作的声响，电动机或用电设备不工作等。以上情况，维修人员可以通过更换零件来恢复接触器的性能，不需要整体更换等。

5）基体绝缘被击穿或基体部分损坏等，需要更换接触器。

（6）继电器损坏的情况与接触器类似，区别是继电器不在主电路，它的触点损坏后，会导致控制线路工作不正常，但热继电器损坏后，会使电动机或用电设备烧毁。其他继电器损坏，或它的相关参数调整不合理，可能导致用电设备损坏等。

2. 物料提升机电气装置故障现象及原因分析

物料提升机电气装置的常见故障现象及原因分析，见表10-3。

物料提升机电气装置的常见故障现象及原因分析 表10-3

序号	常见故障现象	原因分析
1	保护开关跳闸	1. 电缆内部损伤、短路或相线接地； 2. 变压器绕组或控制绕组与地短路； 3. 安全保护开关压线松动、掉落、接地等
2	电源正常，电源接触器不吸合	1. 热断电器控制触点断开； 2. 围栏门安全开关或限速保护开关或断绳保护开关损坏； 3. 电器元件损坏或线路短路、断路等
3	操作开关手柄置于上下行位置，接触器不吸合	1. 吊笼门安全开关或上、下限位开关损坏； 2. 操作开关内部接触松动或损坏； 3. 操作开关电线损伤、断路等
4	吊笼上下运行有自停现象	1. 超载运行或热继电器动作后触点断开； 2. 安全保护开关节点接触不良； 3. 门开关动作
5	电动机启动困难并有异常声音	1. 制动器无动作，其电路断开； 2. 超载或电路缺相； 3. 电源功率不足，或工地电源距升降机过远，供电电缆截面过小，致使启动压降过大
6	制动器无动作	1. 制动继电器不吸合或触点损坏； 2. 制动继电器线圈电路断开； 3. 控制制动继电器触点损坏； 4. 制动器线圈损坏等
7	吊笼上行或下行运行，限位碰铁碰到限位开关不停止	1. 上限位开关或下限位开关损坏； 2. 限位碰铁松动偏位

序号	常见故障现象	原因分析
8	接触器易烧损	电源功率不足，或工地电源距升降机过远，供电电缆截面过小，致使启动压降过大，启动电流过大
9	操作升降机上下行时，有时动作不正常	控制电路继电器的触点接触不良
10	升降机启动就跳闸	1. 电源电路绝缘不够，漏电； 2. 电源的空气保护开关选型不正确； 3. 制动器线圈短路或接地
11	总接触器吸合，吊笼不能运行	1. 吊笼门限位开关； 2. 上、下限位断开； 3. 内、外转换开关未正常工作等
12	总接触器不吸合	1. 断绳保护开关断开； 2. 急停开关断开； 3. 钥匙开关断开； 4. 极限开关断开等

3. 物料提升机常见机械故障现象及原因分析，见表 10-4。

物料提升机常见机械故障现象及原因分析　　表 10-4

序号	故障现象	原因分析
1	吊笼运行时震动较大	1. 滚轮螺栓松动； 2. 齿轮、齿条的吻合间隙过大； 3. 导轮与齿轮背的间隙过大； 4. 齿轮、齿条吻合缺少润滑油
2	吊笼运行时电机跳动	1. 电机与减速机间联轴器内橡胶损坏； 2. 电机的固定装置松动； 3. 电机的橡胶垫掉落； 4. 减速机与传动大板的连接螺栓松动

序号	故障现象	原因分析
3	吊笼运行时有跳动现象	1. 标准节管对接阶差大； 2. 标准节齿条螺栓松动，齿条对接阶差大； 3. 小齿轮磨损，更换小齿轮
4	吊笼运行时有摆动现象	1. 滚轮螺栓松动； 2. 起升机构支撑板螺栓松动； 3. 标准节安装垂直度超标
5	制动器噪声大	1. 制动器止退轴承损坏； 2. 转动盘不平整，产生摆动
6	减速机漏油	1. 减速机骨架油封损坏； 2. 减速机观察孔盖螺丝未拧紧； 3. 减速机"O"形密封圈损坏
7	电机发烫	1. 制动器动作不同步； 2. 升降机长时间超载运行； 3. 启、制动过于频繁； 4. 供电电压过低
8	减速机蜗轮损坏快	1. 润滑油型号不正确； 2. 减速机蜗轮油未及时更换； 3. 减速机蜗轮、蜗杆中心距偏离
9	吊笼启、制动时震动大	1. 电机制动力矩太大，适当调整制动器； 2. 齿轮齿条的间隙、滚轮与立管间隙不正确
10	吊笼下滑时下滑距离过长	电机制动力矩太小，适当调整制动器，或更换制动器
11	减速机通气塞漏油	1. 油量太多； 2. 通气塞安装不正确
12	减速机有异常的稳定的运转噪声	1. 轴承损坏； 2. 传动零件损坏
13	减速机输出轴不转，但电机转动	减速机轴键连接被损坏

4. 卷扬机常见故障现象及原因分析，见表 10-5。

卷扬机常见故障现象及原因分析　　　表 10-5

序号	部位	故障现象	产生原因
1	钢丝绳	磨损太快	1. 滑轮不转动； 2. 滑轮与绳径不符
		卷绕不齐	1. 钢丝绳牵引方向与卷筒轴线不垂直； 2. 钢丝绳直径不符
2	卷筒	筒壁裂纹	1. 材质不均匀； 2. 冲击载荷过大
3	减速机	噪声大	齿轮啮合不良
		温升过高	润滑油过多或过少
		漏油	1. 油封失效； 2. 轴磨损； 3. 分箱面不平
4	制动器	重物下滑	1. 制动轮与制动瓦间隙过大； 2. 制动轮表面有油污； 3. 制动瓦严重磨损； 4. 弹簧压力不足
		发热冒烟	制动轮与制动瓦没有全部脱开

5. 制动器的保养、维修和报废

（1）制动器的保养

操作人员须在每班操作前和日常工作中，应对机械设备的制动器进行检查和保养，检查和保养的结果应进行记载。制动器的保养应注意以下事项：

1）须把物料提升机的吊笼放到最底部，同时切断物料提升机的电源。

2）如制动器在施工建筑物下方，必须在其上方搭防护棚，方可入内检查保养。

3）检查和保养内容：清除制动器运动部件处的杂物；查看

制动轮的情况；对制动器各处的铰接点进行润滑；对电器和线路进行整理，并做好防护；查看制动轮和制动块的间隙是否符合要求，如需要应进行适当调整；制动块磨损是否符合要求；试验制动力（弹簧）是否足够；连接部件是否可靠或应进行紧固等。注意：制动轮和制动块间严禁加润滑油进行润滑。

（2）制动器的维修

部分制动器的部件损坏是可以更换的。电磁式制动器的线圈，是系列化生产的标准件，可更换；制动块上的摩擦衬垫，是使用沉头铆钉铆固在制动块上的，如果摩擦衬垫磨损超标，可进行更换；沉头铆钉也是标准件，可更换。SC 型物料提升机电机端的制动摩擦片磨损超标或开裂等，也可更换等。对更换修理后的制动器，必须按要求进行重新调整，经试车确认性能满足要求，方可完成修理。但制动器的基础件损坏，只可报废，不可更换修理。

（3）制动器的报废

制动器的零件有下列情况之一时，制动器的部件或整体应予以报废：

1）制动块或被制动件有可见裂纹，须报废制动块或制动件，并予以更换，也可整体报废。

2）制动块摩擦衬垫磨损量达原厚度的 50%，须报废摩擦衬垫或整体报废。

3）制动轮表面磨损量达 1.5～2mm 或有裂纹，须报废制动轮。

4）制动弹簧出现塑性变形，该弹簧须报废更换；也可整体报废。如果是多个弹组成的弹簧组，有一根弹簧出现塑性变形，弹簧须整体报废更换弹簧。

5）电磁铁杠杆系统空行程超过其额定行程的 10%，经调整无效的，制动器须进行整体报废。

6）制动器架体或基架出现塑性变形、裂纹等，该制动器须整体报废等。

总之，现在大部分制动器是系列化的标准产品，组成其许多的构配件是比较容易购买的，如果条件允许，部分标准部件损坏后，是可以进行修理和更换的，不必整体报废。如果是重要场合，制动器的部件在即将达到更换条件时，应提前进行更换或整体报废。

第十一章 常见安全隐患与事故案例分析

第一节 常见安全隐患及原因分析

物料提升机常见的安全隐患比较多，按其寿命的过程归纳起来，有以下几个方面：一是设计原因；二是制造原因；三是使用过程造成等。一般由设计和制造造成安全隐患的现象很少见，常见的是使用过程造成的安全隐患。使用过程按其在工程项目中发生安全隐患的顺序分为：安拆过程和操作使用过程。按产生安全隐患的类型有：一是维护保养不善；二是违章指挥；三是违章操作等。下面就安拆过程和操作过程中的常见安全隐患，进行一些归纳和分析。

1. 安拆过程中的常见安全隐患

（1）物料提升机基础安全隐患产生的原因

1）基础地基不符合要求，主要是：

① 设置在素土地面上，地耐力不符合要求或因长期积水，未作处理，导致基础不平衡沉降，影响物料提升机的架体结构倾斜失稳。

② 设置在地下室顶板上，未经验算加固，因其承载能力不够，导致基础移位影响架体等。

2）混凝土基础不符合要求，主要是：

① 混凝土强度达不到设计要求。

② 混凝土基础接地面积与要求的地耐力不匹配，或混凝土基础未达到设计厚度等。

③ 混凝土基础表面平整度超出要求，物料提升机底座无法安装或导致积水，无排水措施等。

3）基础埋件不符合要求。主要是：

① 埋件的材质不符合说明书的规定。

② 埋件在混凝土基础中的位置不准确，一是埋的过深；二是埋的过浅；三是水平方向偏位等，导致与物料提升机的底座连接不可靠等。

（2）附墙装置安全隐患产生的原因

1）附墙位置选择不合理，导致附墙装置的水平、垂直方向上的角度和距离不符合要求，受力不合理。

2）没有附着在建筑物的结构上，不能承受物料提升机在运行过程中的载荷。

3）预埋件不符合要求。一是材质问题；二是埋设位置误差等。

4）附墙装置材质与结构件不一致，或与要求的规格不一致等。

（3）安拆作业过程中产生安全隐患的原因

1）安装人员无资格操作，没有经过培训或进行过安全技术交底等。

2）现场安全措施不到位，安全带、安全帽和防滑鞋、工具包、手套、警戒线等配置不足。

3）不按安装和拆卸程序操作，不按规程作业，部件紧固不到位或少量遗漏紧固件未安装，指挥信号不明确，作业环境不安全等。

4）安拆人员间作业时，相互的配合和交流不充分，导致一方作业使另一方置于危险中等。

5）安装了非原厂或维护保养不够的构件配件等。

（4）运输装卸过程中产生安全隐患的原因

1）物件捆绑不牢，导致过程中掉落伤人或使构件变形等。

2）构件堆放配置不合理，钢构件堆放在重物件的下方，如对重压在标准节的上面，致使标准节变形或装卸过程中掉落伤人等。

2. 操作使用过程中的常见安全隐患

（1）机械设备维护保养欠缺

1）安全保险装置类常见安全隐患产生的原因

① 行程限位开关类

主要安全隐患的表现是：限位开关碰杆变形或调节的角度和长度不符合要求，撞不到限制碰块；限制碰块松动位移，限位开关碰杆撞不到限制碰块；限位开关固定不牢，松动偏位；限位开关内部故障，触点不工作；更换时选择限位开关的型号不正确，无法可靠工作；限位开关壳体破损，导电体外露，导致漏电等。

② 重量限制

主要安全隐患的表现是：整体严重锈蚀，称重弹簧精度不准；微动开关锈蚀损坏；测量弓板变形，失去弹性；应力传感器失灵；传感线断路等。

③ 机械安全保险装置类

主要安全隐患的表现是：安全防坠器、断绳保护、停层装置等，因锈蚀、润滑不足、卡阻等原因，动作不可靠或不动作；安全钩松动变形或安装数量不够，安装位置不正确；滑轮和卷筒钢丝绳防脱槽装置变形或缺失；齿条止挡装置焊缝开裂或变形；围栏门和吊笼门的机械联锁装置的损坏或未安装等。

2）电气线路和电器类安全隐患产生的原因

主要安全隐患的表现是：继电器、接触器和主令按钮开关等电器损坏，更换和修理不及时；电器的参数在使用过程中发生变化，未及时修复或更换；修理过程中，控制电路误接或与原设计不一致；电气线路破损，控制箱等所处环境潮湿或有腐蚀等，致使电气的绝缘电阻达不到规定要求；电气保护接零、跨接未接或虚接等。

3）运行机构和机械构件类安全隐患产生的原因

主要安全隐患的表现是：底部围栏封闭不严或损坏；钢丝绳拖地、磨损、断丝、变形等不符合标准要求；结构架体紧固件松动或漏装；结构架体螺栓未用高强螺栓、松动或锈蚀等；销轴无防轴向制动装置或防轴向制动装置不可靠；制动器的制动力矩不够、摩擦片磨损超标或固定不可靠等；减速机构润滑不良、轴承松动或壳体破损、固定不可靠等；卷筒和滑轮边缘破损、磨损超标或裂纹、转动不灵活等；主要结构件严重锈蚀、变形或焊缝开裂等；结构架体垂直度超标；钢丝绳端部固定不可靠、在卷筒不足三圈等；护线圈安装不牢固脱落伤人等。

缓冲装置缺失或不可靠，虽不一定能防止安全生产事故的发生，但一定可以缓解冲击，减轻对人和物的伤害，减少事故损失等。

（2）机械设备辅助防护类不到位

1）层平台和层门安全隐患产生的原因

主要安全隐患的表现是：层平台搭设不稳固，悬挑型钢选择不当，使用建筑脚手钢管连续搭设高度超过20m，或与建筑脚手架刚性连接，平台的平面防护不严等；层门不能严实关闭，层门设置不稳固或不符合规范要求；层平台立面防护未封闭，高度不够等。

2）安全防护棚安全隐患产生的原因

主要安全隐患的表现是：在物料提升机进料口不设置安全防护棚，或设置的安全防护棚不符合规范要求；在靠近建筑脚手架的操作室，不进行安全防护；操作室设置不合理，影响操作司机的视线；对吊笼在结构架体内部运行的物料提升机，对架体外侧没有进行适当的围护等。

（3）管理类

1）管理人员的不安全行为产生的安全隐患

主要安全隐患的表现是：没有编制物料提升机的安拆方案，无方案作业；安拆方案编制没有针对性，对项目现场安装没有指导作用；选择的专业安装和维护保养单位没有相应的资格；安拆前不进行安全技术交底或安全技术交底没有针对性；参加安拆的作业人员无资格证或部分有资格证；没有提供必要的安全设施；安拆时没有采取有效的安全生产措施；物料提升机进场时，没有对机械设备机构和构件的状态进行验收，机械设备进入现场时就不完好；基础、附墙预埋施工时，未进行监督和验收；安拆时，不在现场审核和监督；安装后不组织检测和验收及使用交接；对操作人员没有进行资格审核或让无资格证的人操作机械；项目部没有建立物料提升机的使用和维护保养、检查等管理制度；没有建立特种设备管理体系；没有按规定进行安全检查和巡查；违章指挥等。主要原因还是管理缺位和不到位，没有管理和法制意识等。

2）操作人员的不安全行为产生的安全隐患

主要安全隐患的表现是：操作人员无资格证书；对机械设备的原理、构造、性能和用途等没有熟练掌握或不懂；无正确操作机械、合理维护保养机械和排除机械故障的基本技能；无责任心，违章作业；不遵守管理规定，违反作业程序；无安全意识，不合理使用和维护安全设施；不进行日常的点检和例行维护保养等。

总之，物料提升机的安全生产隐患，随环境的变化而变化，随机械型号的不同而不同。物料提升机操作人员，应根据具体的工程项目特点和物料提升机的型号，按《龙门架及井架物料提升机安全技术规范》JGJ 88 和相关要求，按各项管理制度做好自己的本职工作，及时向管理人员反馈相关安全隐患事项，坚决行使不安全不操作的权力，这样才能消除安全生产隐患。

第二节　典型事故案例及原因分析

事故案例一：河南省伊川县"3·1"物料提升机事故案例及原因分析

1. 事故简介

2016 年 3 月 1 日 18 时左右，位于伊川县城区新鹏路"御明苑"小区内在建的"圆方幼儿园"建筑工地发生一起自升式门架升降机吊笼坠落事故。该起事故共造成 3 人死亡，1 人重伤，直接经济损失约 200 万元人民币。

该起事故工地春节放假至今尚未开工。3 月 1 日，项目施工队负责人临时雇用 3 人到工地，任务是清理施工现场、检修升降机龙门架，为 3 月 5 日开工做准备。临时工又叫 1 人到工地干活。当日 18 时左右，检修人员全部站在吊笼上操作吊笼上行进行检修作业时，提升机操控失灵，吊笼继续上行并冲顶，吊笼上部联动滑轮上的钢丝绳托槽别弯滑轮固定夹板，滑轮销挣脱夹板销孔，使钢丝绳及滑轮脱离固定夹板，吊笼失去提升力，从约10m 的高空呈自由落体坠落地面，导致当时站在吊笼上的检修人员等随之摔至地面。

2. 事故原因

（1）直接原因

1）检修人员违章操作。一是均无升降机操作和检修资格；二是违章将操控箱移至吊笼；三是违规站在吊笼操作升降机上行；四是作业时地面无人监护。

2）涉事升降机本身存在缺陷：断绳安全保护装置和上限位器均不起作用；无层间停靠装置；联动滑轮沟槽严重磨偏，滑轮磨一侧翼板缺损严重；夹板销没有采取有效防脱措施；涉事升降机操控突然失灵，安全保护装置未起作用，造成吊笼坠落导致事故。

（2）间接原因

1）建设单位和施工方未严格履行有效相关施工管理手续，在与原监理单位终止监理合同后未重新委托监理公司对项目实施监理，对施工现场安全管理工作存在漏洞，没有对施工方的违法违规行为采取有效管理措施。

2）施工方施工前组织管理混乱。未建立相关的管理机构，制定相应的安全管理制度，对相关人员的安全教育培训不到位。施工方所使用的升降机未履行安装告知、检测、备案等相关手续。

3）县住建部门在中标通知书备案和核发施工许可证时审查

把关不严。不具备独立法人资格的公司取得了中标通知书和施工许可证。且在工程施工过程中监督管理不到位，日常检查不深入、不细致、不及时，未及时发现施工中该事故升降机不符合要求，监管存在漏洞。

事故案例二：河南省息县"2.19"物料提升机坠落事故案例及原因分析

1. 事故简介

2017年2月19日7时50分许，信阳市息县龙湖办事处三合安置区3号楼建筑工地，发生一起起重伤害事故，造成3人死亡，直接经济损失369万元。

2月13日，因扬尘治理停工，在未经节后复工验收的情况下，负责3号楼施工作业负责人开始恢复施工，2月19日实施楼顶防水工程。19日早上6时20分左右，6名施工人员根据施工作业负责人的安排到龙湖星城9号楼搅拌水泥混凝土砂浆。7时30分左右，6人将搅拌好的水泥混凝土砂浆向三合安置区3号楼运送，准备到楼顶施工。施工作业负责人发现事故设备供电电缆损坏，不能正常工作，和另一人一起维修电缆（两人非专业电工）。接好电缆线并通电后，使用遥控开关操作事故设备时，发现遥控开关电池没电，施工作业负责人就拿着遥控开关到龙湖星城9号楼工棚更换电池，工人继续去9号楼搅拌砂浆。2人把两斗车砂浆推进吊笼，2人担心到楼顶推不动，就拉1人一起乘坐吊笼上楼顶。1人在地面负责操作事故设备，1人负责观察吊笼运行。

此时吊笼内有两斗车水泥混凝土砂浆（约350kg）和3名工人，事故设备没有超载。7时30分许，1人在地面操作事故设备电箱控制器上行自动复位型电气开关（点动上行按钮开关）向上提升吊笼。行至10层时负责观察吊笼运行的工人喊停，负责操作事故设备的工人立即点按制停开关，但是事故设备不能停止，此时施工作业负责人在五六十米外发现事故设备仍在上升，向工地边跑边紧急喊停，负责操作事故设备的工人拼命按电箱控制器，但是电箱控制器不能有效制动，制停开关失效，吊笼继续向上提升。吊笼冲顶（自升平台）后吊笼向上运行受阻，卷扬机持续运转的拉力导致钢丝绳在自升平台处突然断裂，因为未安装渐进式防坠器，吊笼从11层楼顶端（高度36.5m）坠落，3名工人当场死亡。

2. 事故原因

（1）直接原因

事故设备电气控制柜面板上的点动上行按钮开关被卡阻不能正常复位，多功能安全保护装置被短接失效，应急开关故障失效并且电路连接不正确，致使吊笼提升冲顶；防坠器型式安装错误导致吊笼坠落。物的不安全状态是该起事故发生的直接原因。

作业人员违规乘坐物料提升机加重了事故的后果。

（2）间接原因

1）建设单位违法违规开发建设三合安置区项目；物料提升机安装、使用、监理单位安全生产主体责任不落实，违法违规安装使用管理起重设备。

① 建设单位。不具备事故项目开发建设资质，违规开发建设；未依法履行基本的建设程序，未取得施工许可证擅自开工建设；违法将项目监理工程发包给不具备资质条件的监理单位；未督促参建单位建立健全安全生产责任制，督促其足额配备满足条件的人员；没有按照有关规定和合同约定向施工单位及时足额拨付安全文明施工措施费，无法保障施工现场施工安全所需资金。

② 设备安装单位。未建立安全生产责任制；未按规定制定物料提升机专项施工方案；未按规定进行技术交底；未按规定建立事故设备技术档案；未按规定对物料提升机进行自检、验收和交付使用；未建立物料提升机安装记录。

③ 设备使用单位。未建立安全生产责任制；违法分包工程项目；未按要求提取安全文明经费；未按规定使用、养护物料提升设备；未按规定建立应急救援体系；对行业主管部门下达的整改要求不落实；未按规定组织事故设备验收、交接；未建立物料

提升机工程档案。

实际使用人。未建立安全生产责任制；违法违规开工建设；聘请无证人员人事特种作业，违规操作；未按规定落实安全施工措施，施工现场管理混乱；未依法履行行业主管部门下达的整改指令，擅自使用检测不合格的物料提升设备。

④ 监理公司。未建立安全生产责任制，未落实安全生产主体责任；超资质范围承揽三合安置区项目监理业务；未按规定足额配备安全监理；未按规定履行监理职责，未依法依规对危险性较大的分部分项工程进行督促整改，未及时发现并正确处置重大事故隐患；未按规定组织工序验收，没有形成验收记录。

2）县建设行政管理部门未依法履行行业监管职责，未依法对事故项目和物料提升机进行监督检查，未对违法违规行为立案查处。

① 县住建局。未依法依规履行行业监管职责，未按上级要求开展安全生产大检查和隐患排查治理工作，全县建筑业市场管理混乱；放任所属企业违法承揽监理项目，监理工作形同虚设；放任事故项目施工单位违法分包工程项目、违规施工作业、违规使用不符合要求的物料提升设备；未依法依规对违法建设、违法违规安装使用物料提升机行为进行监督检查并立案查处；行业领域管理松懈，未按要求建立应急值班制度，未按规定建立应急救援体系，局内各部门（单位）工作衔接机制不健全，信息流转不通畅。

县住建局建设股。未依法履行监督管理职责，未按规定指导和规范全县建筑市场；未按规定对事故项目招标投标、施工合同备案、安全生产等工作进行管理和监督；未按规定管理监督三合安置房项目参建各方履行职责。

② 县工程监督站。未依法履行监督管理责任，未按规定制定监督检查计划，未建立日常巡查制度，未建立日常巡查记录；未按照上级要求开展全县行业领域安全生产大检查工作；未按规定对事故项目参建各方实施安全监管；未对事故项目违法施工、

违规安装使用物料提升机行为进行监督检查，采取监管措施的；对事故项目违法建设和违规安装使用物料提升机行为未依法移交相关单位协助落实整改措施或立案查处；对 3 号楼物料提升机安装拆卸专项施工方案、技术交底未提出整改要求或制止违规行为；事故项目整改意见书、停工文书未下达至适格主体；违规为不符合备案条件的物料提升机进行备案登记；对检测不合格的物料提升机未依法采取监管措施。

③ 县监察大队。未依法履行执法监察职责，未按规定制定执法监察计划，未建立日常巡查制度，未建立日常巡查记录；未按规定采取措施制止事故项目违法建设行为；停工文书未送达适格主体；未对事故项目违法建设行为、事故设备违规安装使用行为立案查处。

3）政府未能依法履行安全生产属地管理和行业管理职责

息县人民政府安全生产"红线意识"不牢，未依法履行安全生产属地领导责任，未按照上级要求组织开展全县安全生产大检查和隐患排查治理工作，违安排龙湖办事处开发建设事故项目，对县住建局等相关部门对事故项目违法违规行为的处理意见和龙湖办事处办理项目许可手续的请示报告没有及时研究处理，全县政府投资项目存在不办理手续就擅自开工的现象。

以上两个事故案例，都从物料提升机本身的机械状况（直接原因）和人（操作人员和各级管理人员）（间接原因）的因素进行了分析。可以看出：两个事故案例物料提升机的状况是人的行为造成的，因为人的行为能够改变物料提升机的状况。如果各级人员能够事先按规程维护保养好物料提升机，在使用过程中的各个环节按标准规范和各项规定进行管理，能一丝不苟地认真执行，所有的安全生产责任事故都是可以避免的。物料提升机的操作人员，应提升自身的操作、维护保养机械的技术能力，对安全生产时刻心存敬畏，不违反操作规程作业，不操作使用存在安全隐患的机械，并提醒和制止他人不安全的行为，确保自己的从业生涯平安顺利，也使与自己一起共事的同事、伙伴平安顺利。

参 考 文 献

［1］ 邱宣怀．机械设计［M］．北京：高等教育出版社，1997．

［2］ 住房和城乡建设部工程质量安全监管司．建筑施工安全事故安全分析
［M］．北京：中国建筑工业出版社，2019．

［3］《起重机械设计手册》编写组．起重机械设计手册［M］．北京：机械工
业出版社，1987．

［4］ 张能武，许佩霞．新编实用五金手册［M］．济南：山东科学技术出版
社，2010．

［5］ 江苏省建筑行业协会建筑安全 设备管理分会．《建筑施工起重机械设
备管理台账》，2020．